CAD

CAD 실무능력

석형태 · 서관덕 공저

PREFACE

밴드를 보고 우연히 한 통의 전화가 왔다. 피앤피북 대표님이었다. 우연치 않게 대표님과 짧은 통화를 하게 되었고 미팅 약속을 잡고 만나서 교재 출간을 의뢰받았다.

2000년대 초에 전문서적 출간을 하면서 많은 판매량을 올렸지만. 출판사의 부도로 13개월간의 노력이 한 순간 물거품으로 사라졌던 경험이 있었다. 때문에 나는 출판사에 대해 나쁜 이미지를 갖게 되었다.

첫 출간에 아픔이 있어서, 그동안 다수의 책을 집필하였지만 두 번 다시는 출간하지 않겠다는 마음으로 출간을 포기하고 개인 용도로만 사용해 왔었다. 그러나 시간이 흘러 지금 <(주)한국산업술능력개발원>(이하 '한기원'이라 함)의 수장 역할을 담당하게 되면서 다시금 출간을 생각했다.

나는 교육계에 20년을 종사하였으며, 한 해 30여 개의 대학교와 고등학교에서 특강으로 캐드를 교육하는 전문강사다. 그동안 변하지 않는 국가기술자격 시스템과 민간에서 운영되는 민간자격증에 회의를 느껴, '한기원'을 운영하며 완전히 새로운 방식의 "역설계" 자격 시스템을 개발했으며, 개발 시스템의 특허도 보유하고 있다. 이 자격 시스템으로 캐드를 강의하며, 많은 사람들에게 "역설계" 캐드 방법을 알리고 있다.

주력으로는 "AUTOCAD"를 사용하지만 저렴하면서 동일한 기능을 가진 "G-Star CAD" "ZW CAD"도 강의하고 있다. 개인적인 사견으로는 앞에 언급한 "CAD"들은 모든 기능이 동일한 구조에서 움직이므로, 어떠한 것을 사용하든 도면 작도와 설계에는 무리가 없을 것이다. 사용자들에게는 가격이 저렴한 쪽을 권장한다. 어차피 기능(화면구성, 단축키, 명령어)은 동일하기 때문이다.

캐드 초보자들은 캐드를 배우면 마치 설계를 할 수 있을 거라고 생각하는데, 매우 위험한 발상이다. 캐드는 그저 도면을 그리는 단순한 도구이다. 문제는 교육적인 접근에 있다. 일선에서 캐드를 교육하는 강사들은, 캐드 명령어를 많이 교육하는 것이 최선이라고 생각하는 분들이 많다. 캐드의 주 교육이 '명령어 습득'으로 전락한 것이다. 이러한 잘못된 교육으로 인해, 피교육자들을 단순 오퍼레이터로서 양산하고 있다.

국내에서 사용되는 검증 시스템은 답을 보고 답을 카피(복사)하는 수준이다. 하지만 이 책은 설계 기초과정인 부품 "역설계"를 기본으로 하고 있다. 즉, 3차원 입체 부품을 보고 "3각법"의 도면을 작성자 스스로 얻어내는 방식이다.

이 책으로 공부하시는 분들에게 질문한다.

"도면을 작성하는 이유가 무엇인가" "왜? 도면을 그리는가?"

도면을 작성하는 이유는 현물(現物)을 만들어내기 위함이다. 현물이 없는 도면은 도면으로서 가치가 없다. 따라서 도면 작성 시에는 현장 상황에 맞게 작성하는 것이 중요하다. 예제 문제를 많이 작성한다고 해서 설계 실력이 늘지는 않는다. 단지 캐드 명령어를 사용하는 능력은 향상될 것이다. 또한 캐드 명령어를 많이 안다고 설계 실력이 좋아지는 것은 아니다. 캐드를 잘해서 취업된다고 생각한다면 큰 오산이다. 10년 전에는 통했을 수 있었으나 지금은 상당히 어렵다. 설령 캐드를 잘 사용해서 취업했다고 하자. 업체에서는 작성된 도면을 주고 그대로 캐드로 옮겨 놓으라는 업무는 없을 것이다. 신입들이 주로 처음에 하는 설계 업무는, 실제 부품을 보고 측정기로 측정하여 도면을 작성하는 능력이다. 따라서 앞에서 언급한 카피(복사)하는 오퍼레이터는 의미가 없다는 뜻이다.

이 책은 초기 취업 시 현업에 쉽게 적응할 수 있도록 첫 단계를 마무리하는 능력을 키우는 데 도움이 된다. 신입으로써 "열 마디" 먹을 욕을 "두 마디" 정도만 먹게 해 줄 자신이 있다! 하나도 놓치지 말고 열심히 공부하라! 여기에 의문을 가지지 말라! 현업에 종사하시는 분들에게 물어보면 명쾌한 답을 말해 줄 것이다.

다시 한 번 말한다.

신입으로써 "열 마디" 먹을 욕을 "두 마디" 정도만 먹게 해 줄 자신이 있다!

이 책에서는 도면작도와 설계에서 최소한의 명령어를 기술할 것이다. 그래도 설계하는 데 지장은 없다. 설계할 때 캐드 명령어는 최소 4~5개에서 30개를 넘지 않는다. 캐드 명령어를 최소한으로 줄여서 설명할 것이다. 말 그대로 "닥치고 이것만 해!"이다.

걱정할 필요 없다. 기초를 마치고 나면 고급 명령어들은 스스로 깨우칠 수 있을 것이다. 다시 한 번 강하게 말한다.

"닥치고 이것만 해!"

한국산업기술능력개발원
석형태

CONTENTS

PART 01 기초제도 및 도면해독

PART 03 연습문제

기초제도 및 도면해독

CHAPTER 01 | 제도의 개요

1. 제도의 기초

1.1 제도의 정의

제도(Drawing)란 기계나 구조물의 모양, 크기를 일정한 규격에 따라 점, 선, 문자, 숫자, 기호 등을 사용하여 도면을 작성하는 과정을 말한다.

1.2 제도의 목적

제도의 목적은 설계자의 의도를 도면 사용자에게 확실하고 쉽게 전달하는 데 목적을 두고 있다. 도면에 형상의 모양이나 치수, 재료, 정도 등을 정확하게 표기하여 설계자의 의사가 "제작자에게" 확실하게 전달되어야 한다.

기계제도법에 대한 이해는 설계자 뿐만 아니라 가공, 조립, 측정 등의 업무를 하는 현장 기술자들이 필수적으로 습득해야 하는 기초 지식이다. 특히 설계자는 KS 규격에 의거한 제도법을 도면에 적용시키고 약속된 규칙에 따라 설계를 진행시켜 나가야 한다. 또한, 고도로 발달하고 있는 산업 시대에 접어들어 점차 세계의 산업 글로벌화가 가속됨에 따라 글로벌 스탠다드를 충족시키는 규격과 도면 작성을 해나가야 할 것이다.

1.3 제도의 규격화

도면에 사용되는 도형, 문자, 기호 등은 설계자와 제작자가 똑같이 해석하고 이해할 수 있는 방법으로 표현되어야 한다. 제도를 담당한 사람은 제도에 관한 표준을 자세히 알고 있어야 하며, 표준에 따라 도면을 작성하여야 한다. 이러한 규약을 제도로 만들기 위해 세계 각국은 국가별 제도규격을 제정하여 도면을 작성하고 있으며, 점차 국제규격(ISO)으로 통일되어 가고 있는 추세이다.

(1) 도면작성 시 주의사항

① 정확성(Rightness)

언제(일시), 어디서(업체명), 누가(담당자) 무엇을(대상물) 어떻게(기준이나 가공방법, 다듬질 등) 작업했는지를 도형이나 치수선, 치수공차, 표면거칠기 기호, 주석 등으로 표시한다.

② 간결성(Conciseness)

제도의 기본을 무시한 나만의 치수기입이나 KS 규격에 없는 표기법은 피하고, KS 규격에 의거한 도면 기입법을 준수하여 설계도면에 반영하는 것이 중요하다.

③ 대중성(Popularity)

각종 투상법이나 단면도, 부분확대도 등을 이용하여 너무 복잡하지 않게 작도하며, 제3자가 해독할 수 있도록 최소로 필요한 투상도를 표현한 도형에, 가공성이나 기능성을 고려한 치수를 균형 있게 배치하여 도면만으로 보고 해독할 수 있도록 설계자는 배려해야 한다.

(2) 각국의 공업 규격 및 국제 기호

[표 1-1] **각 국가별 표준 규격**

국가	제정년도	규격기호	국가	제정년도	규격기호
영국	1901	BS	이탈리아	1921	UNI
독일	1917	DIN	일본	1921	JIS
프랑스	1918	NF	오스트레일리아	1921	AS
스위스	1918	SNV	스웨덴	1922	SIS
캐나다	1918	CSA	덴마크	1923	DS
네덜란드	1918	NEN	노르웨이	1923	NS
미국	1918	ANSI	핀란드	1924	SFS
벨기에	1919	NBN	그리스	1933	ELOT
헝가리	1920	MSZ	한국	1962	KS

2. 도면의 종류

제도에서 흔히 작성하는 도면은 전체적인 제품의 조립을 나타내는 조립도와 형태를 제작하기 위하여 각 부품의 구성요소를 하나하나 나누어 자세히 그린 부품도가 대부분이지만, 아래 사용 목적과 내용에 따라 다양한 도면의 종류들이 존재하고 있다.

2.1 사용 목적에 따른 분류

계획도	설계자가 제품의 생산 계획을 나타내는 도면
제작도	제작자가 실제로 제품을 만들 때 사용하는 도면
주문도	제품 주문서에 첨부되어 제품의 개요를 설명하는 도면
승인도	수주자가 발주자의 검토와 승인을 얻을 때 사용하는 도면
견적도	제품 견적서에 첨부되어 제품의 개요를 설명하는 도면
설명도	제품의 구조, 기능, 작동 원리, 취급 방법 등을 설명하기 위한 도면

2.2 내용에 따른 분류

조립도	기계 전체의 구조를 명시하는 도면
부분조립도	복잡한 기구의 일부분의 고조를 명시하는 도면
부품도	부품의 제작에 사용되는 도면으로서 부품의 상세한 것을 나타내는 도면
공정도	제작 공정의 상태를 명시하는 계통도
상세도	특정 부분의 상세한 사항을 나타내는 도면
접속도	전기기기의 내부, 상호간의 접속상태를 나타낸 도면
배선도	전기기기를 설치하기 위한 도면
배관도	배관작업을 하기 위한 도면
계통도	물, 기름, 전기 등의 접속과 작동을 나타내는 도면
기초도	기계를 설치하기 위하여 콘크리트, 철강작업 등을 위한 도면
설치도	물품을 설치하기 위한 도면
배치도	물품의 배치를 나타내는 도면
장치도	플랜트 등 장치산업에 쓰이는 도면
전개도	판금 등 구조물의 펼친 그림
외형도	물품의 전체 외형을 나타낸 도면
구조선도	구조물의 선도를 나타내는 도면
곡면선도	차체, 항공기, 선박 등의 곡면을 단면 곡선으로 나타낸 도면

2.3 성격에 따른 분류

스케치도	물체를 보고 원도를 그리기 위하여 물체의 모양을 프리핸드로 그리는 그림
원도	제도지 위에 연필로 그리는 최초의 도면
트레이스도	원도 위에 Tracing paper를 놓고 연필 또는 잉크로 그린 도면, 즉 다수의 도면을 복사하기 위하여 만드는 도면
복사도	트레이스도를 원도로 하여 감광지에 복사한 도면, 공장 관계자에게 배포되며, 여러 가지 계획과 작업이 이것에 의하여 진행된다. 청사진이라 함

도면의 종류는 이외에도 유압회로도, 파이프 매설도 등 무수히 많은 종류가 있다. 또한 특수한 사업장에서는 KS 규격법에도 없는 특수한 도면 작성법으로 작성하기도 한다.

3. 도면이 갖추어야 할 요건

도면 작성자는 제도 목적을 충분하게 달성하기 위해서 다음에 제시한 요건들을 모두 만족하는 도면을 만들어야 한다.

① 도면에는 제품 형상과 각 부분의 크기와 자세 및 위치 등을 정확하고 자세하며 쉽게 알아볼 수 있는 정보를 포함하고 있어야 하며, 제품의 겉과 안의 거칠기 상태, 재질, 가공방법, 정밀도 등의 정보도 포함하고 있어야 한다.

② 도면에 담겨진 정보는 간단하고 확실하게 이해할 수 있도록 쉬운 방법으로 표시되어야 한다.

③ 도면에 담겨진 정보는 애매하게 해석하지 않도록 명확하게 표현되어야 한다.

④ 모든 산업분야에 걸쳐서 기술교류가 되도록 보편성과 종합성을 갖추어야 한다.

⑤ 기술은 무역 등으로 국제교류가 되어야 하므로 국제성을 갖추어야 한다.

4. 도면의 크기와 양식

기계제도에 사용하는 도면은 기계제도(KS B 0001) 규격과 도면의 크기 및 양식(KS A 0106)에서 규정한 크기를 사용해야 하고, 일정한 양식을 갖추어야 한다.

4.1 도면용지의 크기

① 도면용지의 크기는 표 1−2에 의한 A열 사이즈를 사용한다. 다만, 연장하는 경우에는 연장사이즈를 사용한다.

② 도면은 긴 쪽을 좌우 방향으로 놓고서 사용한다. 다만 A4는 짧은 쪽을 좌우 방향으로 놓고서 사용하여도 좋다.

[표 1−2] 도면의 크기와 종류 및 윤곽의 치수

A열 사이즈					연장 사이즈				
호칭 방법	치수 a×b	c(최소)	d(최소)		호칭 방법	치수 a×b	치수 a×b	d(최소)	
			철하지 않을 때	철할 때				철하지 않을 때	철할 때
−	−	−	−	−	A0×2	1189×1682			
A0	814×1189	20	20		A1×3	841×1783		20	20
A1	594×841				A2×3	594×1261			
					A2×4	594×1682			
A2	420×594	10	10	25	A3×3	420×891		10	10
					A3×4	420×1189			25
A3	297×420				A4×3	297×630			
					A4×4	297×841			
					A4×5	297×1051			
A4	210×297				−	−	−	−	−

4.2 도면의 양식

우리가 공문서를 작성할 때 일정한 양식을 만들어 쓰는 것과 같이 도면을 작성하고자 할 때에도 일정한 양식을 만들어 놓고 작성하면 도면관리 뿐만 아니라 도면을 이해하는 데 많은 도움이 된다. KS A 0106(도면의 크기 및 양식)에서는 다음과 같이 도면에 반드시 마련해야 하는 사항과 마련하는 것이 바람직한 사항으로 구분하고 있다.

(1) 도면에 반드시 마련해야 할 사항

① 도면에는 치수에 따라 굵기 0.5mm 이상의 윤곽선을 그린다.

② 도면 오른쪽 아래 구석에 표제란을 그리고, 원칙적으로 도면번호, 도명, 기업(단체)명, 책임
자서명(도장), 도면 작성 년, 월, 일, 척도 및 투상법 등을 기입한다.

③ 도면에는 KS A 0106(도면의 크기 및 양식)에 따라 중심 마크를 설치한다.

(2) 도면에 마련하는 것이 바람직한 사항

① 비교 눈금 : 도면의 축소 또는 확대 복사의 작업 및 이들의 복사 도면을 취급할 때의 편의를 위하여, 도면의 눈금 간격이 10mm 이상의 길이로 0.5mm의 실선인 눈금선으로 길이는 5mm 이하로 마련한다.

② 도면의 구역을 표시하는 구분선, 구분 기호 : 도면 중의 특정부분의 위치를 지시하는 편의를 위하여 도면의 구역을 표시하며 25mm에서 75mm 간격의 길이를 0.5mm의 실선으로 도면의 윤곽선에서 접하여 도면의 가장자리 쪽으로 약 5mm 길이로 긋는다.

구분 기호는 도면의 정위치 상태에서 가로변을 따라 1, 2, 3, …의 아라비아 숫자, 세로 변을 따라 A, B, C … 알파벳 대문자 기호를 붙인다.

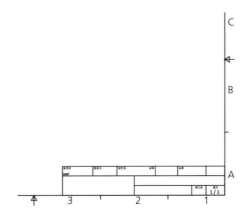

③ 재단 마크 : 복사한 도면을 재단하는 경우의 편의를 위하여 원도에 재단 마크를 마련한다.

5. 척도

제도 도면에서 사용하는 척도는 표 1 – 3에 의한 척도값을 따른다.

척도는 도면에서 그려진 길이와 대상물의 실제 길이와의 비율로 나타내며, 한 도면에서 공통적으로 사용되는 척도를 표제란에 기입해야 한다.

그러나 같은 도면에서 다른 척도를 사용할 때는 필요에 따라 그림 부근에 기입해야 한다. 또, 척도의 표시를 잘못 볼 염려가 없을 때에는 기입하지 않아도 좋다.

5.1 사용 목적에 따른 종류

도면에서의 크기와 물체의 실제 크기의 비를 척도(Scale)라 하며 다음 세 가지가 있다.

(1) 현척(Full scale, Full size)

도형을 실물과 같은 크기로 그리는 경우, 가장 보편적으로 사용된다.

(2) 축척(Contraction scale, Reduction scale)

도형을 실물보다 작게 그리는 경우, 치수기입은 실물의 실제 치수를 기입한다.

(3) 배척(Enlarged scale, Enlargement)

도형을 실물보다 크게 그리는 경우, 실물의 실제 치수를 기입한다.

5.2 척도의 표시방법

$$A : B$$

도면에서의 길이　　　형상의 실제길이

척도는 A : B로 표시한다.

여기에서 A : 도면상에 그려진 도형에서의 대응하는 길이

　　　　　 B : 대상물의 실제 길이

또한, 현척의 경우에는 A, B를 다 같이 1, 축척의 경우에는 A를 1, 배척의 경우에는 B를 1로 하여 나타낸다.

[보기] ① 축척의 경우 1 : 2, 1 : 2√2, 1 : 10

　　　　② 현척의 경우 1 : 1

　　　　③ 배척의 경우 5 : 1

같은 도면에서 서로 다른 척도를 사용할 때에는 각 그림 옆에 적용된 척도를 기입하여야 한다.

도면이 치수와 비례하지 않을 경우, 치수 밑에 밑줄을 긋거나 비례가 아님 또는 NS(Not to Scale 또는 None Scale) 등의 문자를 기입하여야 한다.

[표 1-3] 축척, 현척, 배척의 값

축척	1	1 : 2 1 : 5 1 : 10 1 : 20 1 : 50 1 : 100 1 : 200
	2	1 : $\sqrt{2}$ 1 : 2.5 1 : 2$\sqrt{2}$ 1 : 3 1 : 4 1 : 5$\sqrt{2}$ 1 : 25 1 : 250
현척		1 : 1
배척	1	2 : 1 5 : 1 10 : 1 20 : 1 50 : 1
	2	$\sqrt{2}$: 1 2.5 : $\sqrt{2}$: 1 100 : 1

※ 우선순위는 1란의 척도를 우선으로 적용한다.

5.3 도면 용지의 크기와 척도

도면을 작성할 때 도면 용지의 크기는 기구도를 나타내는 도면, 조립도를 나타내는 도면, 부품의 크기와 복잡성 여부 등에 따른 적절한 척도를 고려하여 용지의 크기를 결정한다.

가급적 용지 크기 내에 도형이 적당히 배치될 수 있는 용지를 선택하여 도면을 작성한다.

6. 도면에 사용하는 문자와 선

6.1 문자

도면에 사용하는 문자는 한자, 한글, 숫자, 로마자이다. 도면을 보는 사람으로 하여금 정확하게 읽을 수 있도록 기입되어야 하며 균일하게 써야 한다. 그러므로 KS A 0107(문자)과 KS B 0001(기계제도)에서는 도면에 사용하는 문자의 종류와 크기, 문자의 선 굵기 등에 관하여 규정해 놓고 있으며, 제도자는 이에 따라 도면에 문자를 기입하여야 한다.

(1) 도면에 사용하는 글자 및 문장의 쓰는 방법은 다음에 따른다.

① 문자의 모양은 고딕체로 하며 바르게 쓰거나 15° 기울여 쓰는 것을 원칙으로 한다.

② 문자의 크기는 문자의 높이로 나타낸다.

③ 문자의 크기는 2.24mm, 3.15mm, 4.5mm, 6.3mm, 및 9mm의 5종류로 한다.

다만, 필요할 경우에는 다른 치수를 사용하여도 좋다.

④ 주서, 요목표, 품명 등에 사용하는 한글의 글자체는 활자체로 하여 수직으로 쓴다.

또한 될 수 있는 대로 문자판을 사용하여 균일하게 쓰도록 한다.

⑤ 아라비아 숫자의 크기는 2.24mm, 3.15mm, 4.5mm, 6.3mm, 및 9mm의 5종류로 한다. 다만,

필요할 경우는 이에 따르지 않아도 좋다. 또, 서체는 원칙적으로 고딕, 명조계열의 서체를 사용하며, 입체 또는 사체로 표현할 수 있다. 다만, 서체를 혼용하여 사용하지 않는다.

⑥ 문장은 왼편에서 가로쓰기를 원칙으로 한다.

6.2 도면에 사용하는 선

물체의 형상을 도면으로 그릴 때 규격으로 정해진 선의 종류와 용도에 맞게 선으로 도면을 그려야 한다. 그러므로 도면을 그릴 때 도면 작성자는 선의 종류에 따른 용도를 정확히 이해하여 도형을 표시하여야 하며, 선의 굵기가 구분되지 않으면 도면을 쉽게 볼 수 없으며 도면작성자와 도면을 보는 사람과의 사이에 오차가 발생하여 오독할 우려가 있다.

(1) 선의 종류와 용도

1) 모양에 따라 분류한 선

물체의 외형을 나타내는 선과 가려서 보이지 않는 부분, 대칭 도형의 중심선 등을 구분하여 표시하여야 하므로 그림과 같이 실선, 파선, 1점 쇄선, 2점 쇄선 등이 있다.

① 실선 : 끊어짐 없이 연속되는 선

② 파선 : 3~5mm의 짧은 선이 일정하게 반복되는 선, 선과 선 사이의 간격은 1mm 정도이다.

③ 1점 쇄선 : 긴 선과 짧은 선이 반복되는 선으로 긴 선의 길이는 10~30mm, 짧은 선의 길이는 1~3mm, 선 사이의 간격은 0.5~1mm 정도로 서로 규칙적으로 나열한 선

④ 2점 쇄선 : 긴 선과 짧은 선 2개를 서로 규칙적으로 나열한 선

- 실선 ──────────
- 파선 ─ ─ ─ ─ ─ ─
- 1점 쇄선 ─ ─ ─ ── ─ ──
- 2점 쇄선 ──── ──── ──

2) 굵기에 따라 분류한 선

선 굵기의 기준은 0.18mm, 0.25mm, 0.35mm, 0.5mm, 0.7mm 및 1mm 등 6가지 기준 값 중에서 도면의 크기에 따라 적절하게 선택하여 사용하도록 규정하고 있다.

굵기에 따른 선의 종류에는 가는 선, 굵은 선, 아주 굵은 선이 있으며 그 비율은 1 : 2 : 4로 한다.

① 가는 선 : 굵기가 0.18~0.5mm인 선, 일반적으로 0.25mm를 많이 사용한다.

② 굵은 선 : 굵기가 0.35~1mm인 선(가는 선 굵기의 2배)

③ 아주 굵은 선 : 굵기가 0.7~1mm인 선(굵은 선 굵기의 2배)

- 가는 선
- 굵은 선
- 아주 굵은 선

3) 선의 용도에 따라 분류한 선의 종류

[표 1 – 4]와 같이 사용한다. 또, 이 표에 의하지 않는 선을 사용할 때에는 그 선의 용도를 도면안에 주기한다.

[표 1-4] **용도에 따라 분류한 선의 종류**

명칭	종류		용도	예시	비교
외형선	굵은 실선	——————	대상물의 보이는 부분의 모양을 표시하는데 쓰인다.		가는선, 굵은선 및 아주 굵은선 의 굵기 비율은 1:2:4 로 한다.
치수선	가는 실선	——————	치수를 기입하기 위하여 쓰인다.		
치수보조선			치수를 기입하기 위하여 도형으로부터 끌어내는데 쓰인다.		
지시선			기술, 기호 등을 표시하기 위하여 끌어내는데 쓰인다.		
회전단면선			도형 내에서 그 부분의 끊은 곳을 90° 회전하여 표시하는데 쓰인다.		
중심선			도형의 중심선(4.1)을 간략하게 표시하는데 쓰인다.		
수준 면선			수면, 유면 등의 위치를 표시하는데 쓰인다.		
숨은선	가는 파선 또는 굵은 파선	– – – – –	대상물의 보이지 않는 부분의 모양을 표시하는데 쓰인다.		
중심선	가는 1점 쇄선	– · – · –	(1) 도형의 중심을 표시하는데 쓰인다. (2) 중심이 이동한 중심 궤적을 표시하는데 쓰인다.		
기준선			특히 위치 결정의 근거가 된다는 것을 명시할 때 쓰인다.		
피치선			되풀이하는 도형의 피치를 취하는 기준을 표시하는데 쓰인다.		

특수지정선	굵은 1점 쇄선	- - - - - -	특수한 가공을 하는 부분 등 특별한 요구사항을 적용할 수 있는 범위를 표시하는데 사용한다.(부분 열처리 · · ·)		
가상선	가는 2점 쇄선	- · - · - · -	(1) 인접 부분을 참고로 표시하는데 사용한다. (2) 공구, 지그 등의 위치를 참고로 나타내는데 사용한다. (3) 가동부분을 이동 중의 특정한 위치 또는 이동 한계의 위치를 표시하는데 사용한다. (4) 가공 전 또는 가공 후의 모양을 표시하는데 사용한다. (5) 되풀이하는 것을 나타내는데 사용한다. (6) 도시된 단면의 앞쪽에 있는 부분을 표시하는데 사용한다.		
무게 중심선			단면의 무게중심을 연결한 선을 표시하는데 사용한다.		
파단선	불규칙한 가는실선	～～～	대상물의 일부를 파단한 경계 또는 일부를 떼어낸 경계를 표시하는데 사용한다.		
절단선	굵은 1점쇄선	⌐ ¬	단면도를 그리는 경우, 그 절단 위치를 대응하는 그림에 표시하는데 사용한다.		
해칭	가는 실선의 사선줄	/////	도형의 한정된 특정 부분을 다른 부분과 구별하는데 사용한다. 예를 들면 단면도의 절단된 부분을 나타낸다.		
특수한 용도의 선	가는 실선	———	(1) 외형선 및 숨은선의 연장을 표시하는데 사용한다. (2) 평면이란 것을 나타내는데 사용한다. (3) 위치를 명시하는데 사용한다.		
	아주 굵은 실선	━━━	얇은 부분의 단면도시를 명시하는데 사용한다.		

CHAPTER 02 투상도법

도면을 그릴 때에는 입체적인 형상을 평면적으로 그릴 수 있는 기술이 필요하고 읽을 때에는 평면적인 도면을 입체적으로 상상해 낼 수 있는 능력이 필요하다.

※ 입체적인 형상을 도면적인 평면으로 읽을 수 있는 기술적인 능력

※ 평면적인 도면을 입체적인 형상으로 상상할 수 있는 능력

1. 투상도의 종류 중 정투상도법

물체의 주된 화면을 투영면에 평행하게 놓았을 때의 투상을 정투상도법이라 하고, 그림 2 – 1에서 (나)처럼 척도에 의한 실물의 크기가 정확하게 표시되어야 한다. 일반적으로 건축 도면에서는 그림 2 – 1의 (가)와 같은 투시도법이 많이 쓰이기도 한다.

(가) 원근투상   (나) 정투상

[그림 2 – 1] 투상도법

1.1 정투상도의 정의 및 표시 방법

[그림 2 – 2]와 같은 물체에서 한 개의 투상(투영)만으로는 모든 형태를 표시할 수 없으므로 그림 (a), (b), (c)와 같이 3개의 투상면(투영면)을 선택한 후 정투상법에 의하여 물체의 형상 및 특징이 가장 잘 나타난 부분을 정면도(a)로 선정하고, 정면도를 기준으로 위에는 평면도(b), 우측에는 우측면도 (c)를 그린다. 이러한 3개의 그림을 조합하면 입체적인 물체의 형태를 완전히 평면적인 도면으로 표시할 수 있다. 이것이 정투상도이다.

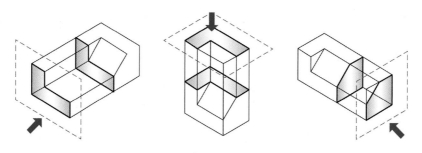

[그림 2 – 2] 정투상도의 표시방법

1.2 정투상도의 배열

투상도를 배열할 때는 [그림2－2]와 같이 투상도를 각각 분리시키는 것이 아닌, [그림 2－3](가)와 같이 유리상자속의 물체를 유리편에 투영한 정면도를 중심으로 평면도와 우측면도를 그림과 같이 전개하면 그림 (나)와 같은 투상도가 배치된다.

6면으로 만든 유리상자속의 물체를 투영하여 펼치게 되면 그림 A－5와 같이 정면도를 중심으로 우측에는 우측면도, 좌측에는 좌측면도, 정면도 뒤쪽에는 배면도, 정면도 위쪽에는 평면도, 정면도 아래쪽에는 저면도로 전개할 수 있다.

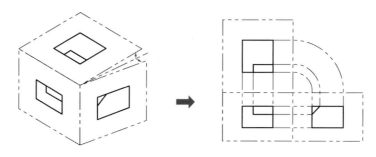

[그림 2－3] 정투상도를 펼치는 방법

1.3 올바른 투상도 선택방법

[그림 2－4] 투상도의 선택방법

① 투상도는 앞에서 설명한 바와 같이 물체의 형상 및 특징이 가장 뚜렷한 부분을 정면도로 하여 꼭 필요한 투상도만을 그리는 것이 바람직하다. 이것을 주투상도라고 한다.

② 불필요한 투상도는 시간적 낭비일 뿐만 아니라 보는 사람으로 하여금 혼동만 줄 뿐이다.

1.4 주투상도 배치시 주의사항

주투상도는 정면도를 중심으로 하여 반드시 같은 선상 위에 배치되어야 한다.

[그림 2 – 5]와 같이 투상도가 어긋나지 않도록 도면을 작도하고 물체의 특성과 치수기입을 고려하여 충분한 공간을 확보한 다음 투상도를 그리는 것이 바람직하다.

[그림 2 – 5] **투상도의 선택방법**

1.5 주투상도를 작도하는 기법

① 길이에 관한 투상도는 저면도와 평면도, 저면도와의 관계

② 높이에 관한 투상도는 정면도와 측면도와의 관계

③ 폭에 관한 투상도는 측면도와 평면도, 저면도와의 관계

2. 투상도의 종류 중 입체도법

구조물의 조립상태나 조립순서 등을 쉽게 알 수 있도록 한 개의 투상도로 세 면의 형상을 나타낼 수 있는 투상도법을 입체도법이라 한다. 종류에는 등각투상도법, 부등각투상도법, 사투상도법 등이 있다.

2.1 등각투상도

등각투상도란, [그림 2 – 6]에서와 같이 xy축이 30°, xyz축의 선을 평면상에서 120°의 등각으로 교차하도록 긋고 작도하는 기법이다.

등각투상도는 입체도법 중 가장 많이 이용되는 기법이기도 하다.

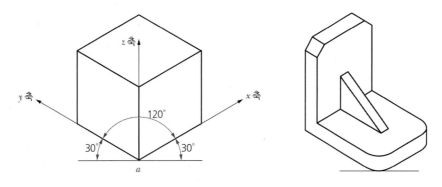

[그림 2 – 6] 등각투상도 그리는 법

2.2 부등각투상도

[그림 2 – 7]과 같이 부등각투상도에서는 A, B, C가 각각 다른 값이 되도록 각 a,b의 경사각을 잡는다.

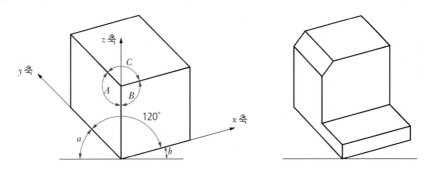

[그림 2 – 7] 부등각투상도 그리는 법

2.3 사투상도

[그림 2-8]과 같이 사투상도는 물체의 정면 형태만 실 치수로 그리고 앞쪽에서 뒤끝까지는 경사지게 그린다.

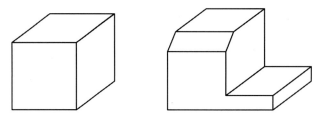

[그림 2-8] 사투상도 그리는 법

2.4 정투상도법과 입체도법의 특징

(1) 정투상도법
• 장점 : 각 방향에서 본 형상들을 정확히 표현할 수 있다.
• 단점 : 도면 해석능력이 있어야만 한다.

(2) 입체도법
• 장점 : 물체의 형상 및 특징을 쉽게 이해할 수 있다.
• 단점 : 그리기가 어렵다.

3. 제도에 사용하는 투상법

제도에 사용하는 투상법은 앞에서 설명한 여러 가지 투상법 중에서 특별한 이유가 없는 한 [표 2-1]에 표시하는 3종류로 한다.

특히 기계제도에서의 투상법은 제3각법에 따르는 것을 원칙으로 한다. 다만 필요한 경우에는 제1각법에 따를 수도 있다. 이 때 [그림 2-9]와 같은 투상법의 기호를 표제란 또는 그 근처에 표시한다. 그러한 도면 안에서는 혼용하지 않는 것이 좋다. 또한 그림의 일부가 제3각법에 의한 위치에 그리면 도리어 도형을 이해하기 곤란한 경우에는 상호 관계를 화살표와 문자를 사용하여 표시한다.

그 글자는 투상의 방향과 관계없이 전부 위 방향으로 명확하게 쓴다.

[표 2-1] **투상법**

투상법의 종류	사용하는 그림의 종류	특징	주된 용도
정투상	정투상도	모양을 엄밀, 정확하게 표시할 수 있다.	일반도면
등각투상	등각투상도	하나의 그림으로 정육면체의 세 면을 같은 정도로 표시할 수 있다.	설명용 도면
사투상	캐비닛도	하나의 그림으로 정육면체의 세 면의 한 면만을 중점적으로 엄밀, 정확하게 표시할 수 있다.	

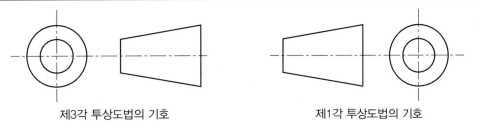

제3각 투상도법의 기호   제1각 투상도법의 기호

[그림 2-9] **투상법 기호**

4. 도면 작성과 도면 해독

1.1 도면 작성과 도면 해독의 중요성

제품을 생산하기 위해서는 제작자가 설계 도면을 작성하고 부품을 만든다. 부품은 제도규격에 의해 정확하게 도면에 작성되어야 한다. 따라서 어떤 부품이라도 도면으로 그릴 줄 알아야 하고 작성된 도면을 보고 부품의 생긴 형상을 알아야 한다. 도면을 그릴 줄만 알고 도면을 보고 부품의 생긴 형상을 모른다면 가공제작이 곤란하다.

다음에 제시하는 3각 투상법 연습, 실체도를 보고 빠진 도형 완성하기, 등각투상도 그리기, 도면을 보고 실체도 그리기, 도형에서 미완성된 도형을 완성하고 실체도 그리기, 부품의 형상을 보고 정면도를 선정하고 필요한 도형그리기 등, 도면을 그릴 줄 알고 도면을 보고 물체의 생긴 형상을 알아내는 능력을 습득하는 것이 대단히 중요하다.

다음 [그림 2-10]을 예로 들어 설명하면 부품의 입체적인 형상 그림 (a)를 보고 그림 (b)와 같이 평면상의 투상법에 의해 도면으로 그릴 줄 알아야 하고, 그림 (c)와 같이 투상법에 의해 도면 용지의 평면상에 그려진 도면을 보고 입체적으로 실제 생긴 형상 그림 (d)를 알 수 있도록 체계적이고 지속적인 연습을 통하여 숙달시키는 것이 중요하다.

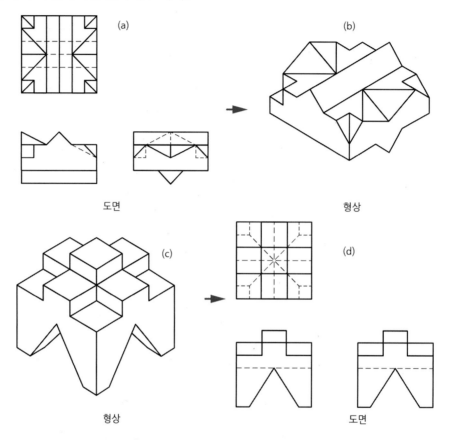

[그림 2 - 10] **투상법과 입체도의 관계**

CHAPTER 03 | 도면을 작도하는 방법

도면을 해석하기 위해서는 입체적인 형상을 평면적으로 그릴 수 있는 기술과 평면적인 그림을 입체적으로 상상해 낼 수 있는 능력이 요구되어야 한다고 앞장에서 설명한 바 있다.

물체의 외부형상만으로 정투상도법에 의해 작도한다고 하면, 내부 형상은 모두가 숨은 선으로 표시되어 물체의 형상이 불확실할 뿐만 아니라 도면을 처음 접하는 사용자들은 도면을 해독하는데 있어 상당한 어려움을 겪을 것이다. "도면은 어느 누가봐도 쉽게 이해할 수 있어야 한다." 그래서 불확실한 숨은선이 많은 도면은 좋지 못한 도면이다.

이 장에서는 정투상도를 보조하여 도면을 간결하게 그릴 수 있는 여러 가지 투상기법들과 숨은 선을 제거하기 위해 물체를 가상적으로 절단해서 투상하여 도면을 작도하는 단면 도법에 관하여 설명하고자 한다.

1. 투상도 순위 정하는 방법

주 투상도에서 정면도만으로 물체의 형태를 완전하게 표시할 수 없을 경우에는 주투상도를 보충하는 다른 투상도를 사용한다. 그러나 가급적이면 보충하는 투상도의 수는 적게 하는 것이 바람직하다.

1.1 정면도만으로 표현이 가능한 경우

물체의 형상이 원형인 경우에는 하나의 투상도 만으로도 표현이 가능한 경우가 있다. [그림 3 – 1]과 같이 투상도 하나만으로 도형을 나타내는 기법을 1면도법이라 한다.

[그림 3 – 1] 정면도만으로 나타내는 1면도법

1.2 정면도와 평면도만으로 표현이 가능한 경우

정면도 외에 평면도와 우측면도를 투상한 것인데 그 중 물체의 형상을 잘 표현하고 있는 [그림 3 – 2] 는 정면도와 평면도이고 각 부의 치수도 정면과 평면 투상도만으로 충분하다. 따라서, 우측면도는 필요 없게 된다.

이와 같이 두 개의 투상도만으로 도형을 나타내는 기법을 2면도법이라 한다.

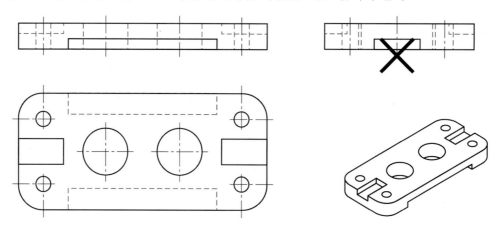

[그림 3 – 2] 정면도와 평면도만으로 나타내는 2면도법

1.3 정면도와 측면도만으로 표현이 가능한 경우

[그림 3 – 3]은 원기둥 형상을 가진 도면이다. 정면과 우측면만의 구성으로 이루어진 2면도이다. 평면도가 없어도 도면을 보는 데 지장이 없다.

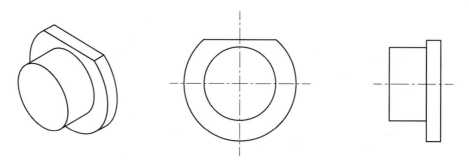

[그림 3 – 3] 정면도와 측면도로 나타내는 2면도법

2. 단면도법

단면도법이란 지금까지 은선으로만 나타냈던 내부형상 혹은 물체의 보이지 않는 부분을 좀더 명확하게 도시하기 위해서 가상적으로 필요한 부분을 절단하여 투상한 다음 도면으로 나타내는 기법이다. 물체의 보이지 않는 부분은 숨은선으로 도시한다. 그러나 간단한 형상까지도 숨은선이 있으면 도형이 복잡스럽게만 보이는데 만약, 복잡한 물체라면 숨은선이 더 많을 것이고 도면을 이해하는데 있어 더욱더 어려움이 따를 것이다. 도면은 간단명료해야 하고 설계자의 뜻을 명확하게 전달할 수 있어야 한다고 앞에서 강조한 바 있다.

[그림 3 - 4]와 같이 단면도법을 잘 활용하면 좋은 도면을 그릴 수가 있을 것이다.

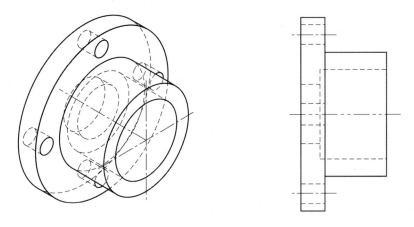

단면하지 않은 투상은 내부에 은선이 많아 알아보기 어렵다.

단면을 함으로써 내부형상이 또렷하고 알아보기 쉽다.

[그림 3 - 4] **단면표시와 단면도법**

2.1 단면도시 방법의 원칙

① 숨은선은 되도록 생략한다.

② 절단면과 절단되지 않은 면을 구별하기 위해 절단면에 가는 평행경사면을 45°로 긋는다. (간격 3~5mm) 이것을 해칭이라 한다.

③ 단면할 때에는 [그림 3−5]에서 보는 바와 같이 보는 방향을 화살표와 문자로 단면 위치를 표시한다.

④ 절단면과 단면도의 관련이 분명할 때는 표시방법을 일부 또는 전부를 생략할 수 있다.

[그림 3−5] 단면 위치는 문자와 화살표로 표시

2.2 전단면도법(온단면도)

[그림 3−6]은 물체의 기본 중심선을 기준으로 모두 절단하고, 절단면을 수직 방향에서 투상한 기법으로 가장 기본적인 단면기법이다.

[그림 3−6] 전단면도

2.3 반단면도(한쪽 단면도, 1/4단면도)

[그림 3 – 7]은 상하좌우 각각 대칭인 물체의 중심선을 기준으로 하여 1/4에 해당하는 한쪽만 절단하고 반대쪽은 그대로 나타내어 투상하는 기법으로 물체의 외부형상과 내 형상을 동시에 나타낼 수 있는 장점이 있다.

[그림 3 – 7] 반단면도-1

위쪽과 아래쪽이 대칭인 물체를 반단면도로 그릴 때는 [그림 3 – 8] (가)와 같이 대칭 중심선의 위쪽을 단면도로 표시하고, 왼쪽과 오른쪽이 대칭인 물체는 [그림 3 – 8] (나)와 같이 오른쪽을 단면도로 표시한다.

(가)   (나)

[그림 3 – 8] 반단면도 – 2

2.4 부분단면도

[그림 3 – 9]와 같이 물체의 꼭 필요한 부분만을 절단하여 투상하는 기법으로 단면기법 중 가장 자유롭고 적용범위가 넓다. 특징으로는 물체가 대칭이건 대칭이 아니건 모두 적용이 가능하고, 단면한 부위는 파단선을 이용하여 경계를 표시한다.

[그림 3 – 9] **부분단면도**

2.5 회전단면도

절단면을 그 자리에서 90°로 회전시켜 투상하는 단면기법으로 바퀴, 암이나 리브, 형강 등에 많이 적용되는 단면기법이다. 별개의 단면도로 그리기보다는 외형도 내의 절단 위치에 그리는 경우가 많다. [그림 3 – 10]과 같이 동력전달장치 본체의 리브 부분의 단면을 회전투상도로 나타낸 것이다.

[그림 3 – 10] **회전단면도**

2.6 조합단면도법

조합단면도는 여러 개의 절단면을 조합하여 단면도로 표시하는 기법을 말한다.

(1) 대칭에 가까운 물체를 나타내는 조합단면도

다음 [그림 3 - 11]는 A - 0 - B를 중심선을 따라 절단하고, 0 - B를 0 - C까지 회전시켜 A - 0 - C와 동일 선상에 놓고 투상하는 기법의 예이다.

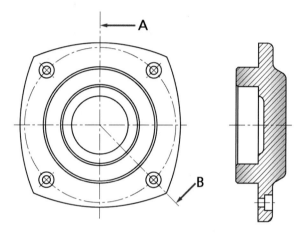

[그림 3 - 11] 대칭형에 가까운 물체의 조합단면도

(2) 평행인 두 평면을 나타내는 조합단면도

절단할 때는 A, B를 연결하는 선이 이론적으로는 [그림 3 - 12]과 같이 나타나지만 이와 같은 단면 도시기법에서는 그림과 같이 나타내는 것을 원칙으로 한다.

[그림 3 - 12] 평행인 두 평면을 나타내는 조합 단면도

2.7 생략도법

(1) 대칭 도형의 생략도법

도형이 대칭인 경우 중심선을 기준으로 한쪽을 생략할 수 있다.

이때, 한쪽 도형만 그리고 그 대칭 중심선의 양 끝에 2개의 짧은 가는 실선을 나란히 긋는다.

① [그림 3 – 13]과 같이 대칭인 투상도가 중심선을 넘지 않을 경우

[그림 3 – 13] **대칭 도형의 생략 – 1**

② [그림 3 – 14]과 같이 대칭인 투상도가 중심선을 넘을 경우

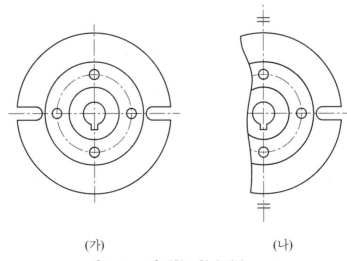

(가)   (나)

[그림 3 – 14] **대칭 도형의 생략 – 2**

(2) 중간부분을 생략할 수 있는 여러 가지 기법들

축, 막대, 파이프, 형강, 래크, 테이퍼 축과 같이 규칙적으로 줄이어 있는 부분 또는 너무 길어서 도면영역 내에 들어가지 못하는 그림인 경우는 [그림 3 – 15]와 같이 중간 부분을 잘라내서 긴요한 부분만 가까이하여 도시할 수 있다.

이 경우, 잘라 낸 끝 부분은 파단선으로 나타내고 긴 테이퍼의 경우 경사가 원만한 것을 실제 각도로 표시하지 않아도 좋다.

[그림 3 – 15] 중간 부분의 생략

2.8 단면을 해서는 안되는 경우와 특수한 경우 도시방법

(1) 단면을 해서는 안되는 경우

축, 리브, 바퀴암, 기어의 이, 볼트, 너트 등과 같은 경우 단면을 하지 않는 경우가 있다.

그 이유는 단면을 함으로써 도형을 이해하는 데 방해만 되고, 단면을 한다 해도 의미가 없을 뿐만 아니라 잘못 해석할 우려가 있어 길이 방향으로 단면을 하지 않는다.

(2) 특수한 경우

단면도법이나 생략도법 이외에 특수한 경우, 도형을 표시하는 방법이 있다.

① 일부분이 평면인 경우 도시방법

도형 내에 특정 부위가 평면일 때, 이것을 표시해야 될 경우 [그림 3 – 16]과 같이 평면인 부위에 가는 실선으로 대각을 긋는다.

[그림 3 – 16] **평면의 도시 – 1**

다음 [그림 3 – 17]은 물체의 내부에 있는 평면을 도시할 때에도 대각선은 파선이 아닌 실선을
사용해야 한다.

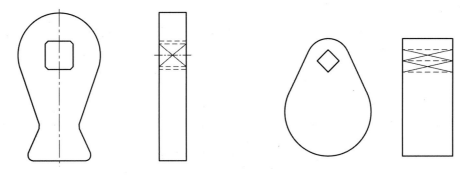

[그림 3 – 17] **평면의 도시 – 2**

② 도형이 구부러진 경우 도시방법

[그림 3 – 18]은 각이 진 부분에 라운드가 있는 경우에는 교차선의 위치에서 그에 대응하는
그림까지 가는 실선으로 표시하고 교차한 대응도면의 위치에는 상관선을 외형선으로 표시
한다.

[그림 3 – 18] **교차 부분의 도시**

③ 리브의 끝을 도시하는 방법

[그림 3 – 19]는 리브 끝부분에 라운드 표시를 할 때는 크기에 따라 직선, 안쪽 또는 바깥쪽으로 구부러진 경우가 있다.

[그림 3 – 19] **리브의 끝부분이 라운딩 된 경우 도시방법**

④ 특수한 가공 부분을 표시하는 방법

[그림 3 – 20]은 대상물의 면에 특수한 가공이 필요한 부분은 그 범위를 외형선에서 약간 띄워서 굵은 1점 쇄선으로 표시할 수 있다.

침탄 표면 열처리

[그림 3-20] **특수가공을 표시하는 방법**

3. 기타 정투상도를 보조하는 여러 가지 투상도들

3.1 보조투상도법

물체의 경사면에서 실제의 길이를 나타내기 위해서 경사면과 수직하는 위치에 나타내는 투상도를
보조투상도라 하고 도시하는 방법은 [그림 3-21]과 같다.

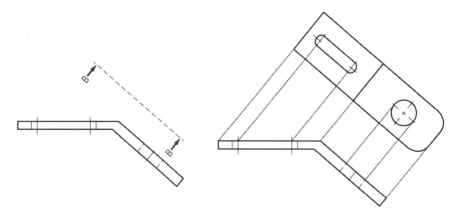

[그림 3-21] **보조투상도**

3.2 회전투상도법

[그림 3-22]와 같이 물체의 일부분이 경사져 있을 때 경사진 부분만 회전시켜서 나타내는 투상도
법을 회전 투상도라 하고 잘못 해석할 우려가 있을 경우 작도선을 남긴다.

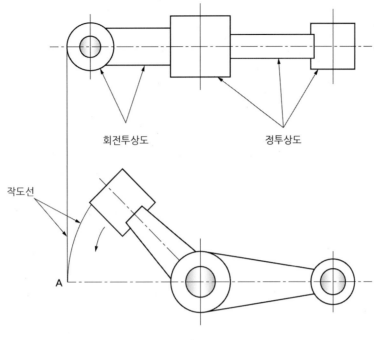

회전투상도   정투상도

작도선

A

[그림 3 – 22] **보조투상도**

3.3 부분투상도법

[그림 3 – 23]은 주 투상에서 잘 나타나지 않은 부분 혹은 꼭 필요한 일부분만 오려내서 나타내는 투상도법을 부분투상법이라 한다.

(나)

(가)

[그림 3 – 23] **부분투상도**

3.4 국부투상도

[그림 3 – 24]은 정면도를 보조하는 투상도를 그릴 때 특수한 부분만 나타내는 투상도법

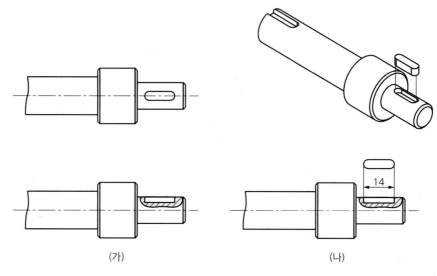

(가)　　　　　　　　　　　(나)

[그림 3 – 24] **국부투상도**

(1) 회전체의 경우 도시법

[그림 3 – 25] **국부투상도**

3.5 상세도법

물체의 중요한 부분이 너무 작은 경우 그 부분을 가는 실선으로 둘러싸고 인접한 부분에 크기를 확대시켜 그리는 투상도를 상세도법이라 한다. 이때, 문자로 척도를 표시하고 치수기입은 1:1 치수로 기입한다.

[그림 3 - 26] 상세도법

CHAPTER 04

치수기입법

물체의 형상을 정투상도로 그린 다음에 길이, 각도 등의 치수(dimension)와 지시사항을 기입하여 물체의 모양과 크기를 표시함으로써 비로소 도면은 그 기능을 발휘할 수 있게 된다.

도면에 기입되는 이러한 치수는 도면 작성에만 필요한 것이 아니라, 제작자가 그 물체를 제작할 때에 손쉽게 이용할 수 있도록 선정한 치수이어야 하며, 관련된 부품이 제작된 다음에도 적합하게 조립되어 작용하는 데 필요한 치수이다. 그러므로 제도자는 먼저 공작기계의 기능이나 동작을 연구하고 자신이 실제 제작자 또는 가공자라고 가정하면서 어떠한 치수를 어떠한 방법으로 나타내어야 가장 효율적인가를 생각하여야 한다.

일반적으로 치수기입은 크기를 표시하는 것으로만 생각하나 치수는 단순한 것이 아니고 작업 합리화의 포인트를 가지고 있으므로 가공과 제작에 직결되는 치수기입은 충분한 지식 없이는 곤란하다. 그러므로 스스로 물체를 제작하는 입장에 서서 어느 부분의 치수를 어떻게 기입하면 합리적으로 되는가를 생각하여 기입하고, 치수와 문자 등을 정확히 기입하여 도면을 보는 사람으로 하여금 잘못 보는 일이 없도록 하여야 한다.

1. 치수기입의 기본 요소

1.1 치수 결정과 기입 위치

아무리 도형을 잘 그렸다 하더라도 치수를 잘못 기입한다면 정확한 제품을 만들 수 없다. 따라서 치수기입할 때에는 세심한 주의를 기울이면서 정확하고 보기 쉽도록 치수기입 위치와 필요한 치수를 결정해야 한다.

(1) 기초지식

치수를 기입할 때는 사용되는 선과 기호에 관한 사항을 우선 잘 알고 있어야 하며, 치수를 표시하는 선의 굵기, 선 사이의 간격 등도 잘 이해하고 있어야 한다. 이와 같은 선과 기호는 치수를 간단하고 명확하게 표시하기 위한 수단이다.

(2) 치수가 필요한 부분 선정

가공, 조립될 기계의 기능이라든지 각 부속품의 적합한 작용이란 관점에서 가장 중요한 사항은 치수를 표시해야 할 부분을 선정하는 것이다.

(3) 치수가 기입될 위치 선정

기입해야 할 부분을 선정한 다음 도면에 이들 치수를 기입하여야 할 위치 즉 장소를 선정하여야 한다. 치수는 명확하고 읽기 좋게, 또한 도면을 보는 사람이 쉽게 발견할 수 있는 위치에 기입하여야 한다.

1.2 도면에 기입되는 부품의 치수

도면에 기입되는 부품의 치수에는 재료치수, 소재치수, 마무리 치수의 3가지가 있다.
그러나 KS에서는 도면에 치수를 표시할 때 특별히 명시하는 경우를 제외하고는 그 도면에 도시한 대상물의 마무리 치수(완성치수)를 기입하도록 하고 있다.

(1) 재료치수

탱크, 압력용기, 철골구조물 등을 만들 때에 필요한 재료가 되는 강판, 형강, 관 등의 치수로서 절단 여유, 다듬질 여유 등이 포함된 치수이다.

(2) 소재치수

반제품 즉 주물공장에서 주조한 그대로의 치수 또는 단조공장에서 단조한 그대로의 치수로서 기계로 가공하기 전 미완성품의 치수이므로 다듬질 여유 값이 포함된 치수이다.

(3) 마무리치수

마지막 다듬질을 하여 완성품을 만들기 위한 완성치수로서 다듬질 여유 값은 포함하지 않는다. 그러므로 도면에 기입되는 치수는 마무리 치수이며, 다른 치수를 기입할 때에는 특별히 명시하여야 한다. [그림 4 − 1]은 마무리치수와 소재치수의 기입 보기를 든 것으로 가상선은 다듬질 여유 값이 붙은 상태의 소재치수를 나타낸다.

2. 치수기입 방법

2.1 치수기입의 원칙

도면을 작도하는 데 있어 치수기입은 중요한 요건 중 하나이다. 설계자 또는 제도자가 도면에 기입한 치수를 제작자가 직접 보고 가공할 치수임으로 정확한 수치를 정의해야 하고 무엇보다 더 알기 쉽고 간단 명료해야 할 것이다.

(1) 치수기입 시 유의사항

① 공작물의 기능면 또는 제작, 조립 등에 있어서 꼭 필요하다고 생각되는 치수만 명확하게 도면에 기입한다.

② 치수는 되도록 계산해서 구할 필요가 없도록 기입한다.

③ 중복 치수는 피하고 되도록 정면도에 집중하여 기입한다.

④ 필요에 따라 기준으로 하는 점과 선 혹은 가공면을 기준으로 하여 기입한다.

⑤ 관련된 치수는 되도록 한 곳에 모아서 보기 쉽게 기입한다.

⑥ 참고 치수에 대해서는 치수 문자에 괄호를 붙인다.

⑦ 반드시 전체 길이, 전체 높이, 전체 폭에 관한 치수는 기입되어야 한다.

(2) 치수의 단위표시 방법

① 길이치수로서 단위를 붙이지 않는 숫자는 모두 밀리미터(mm)이다. 만약, (mm) 이외의 단위를 사용할 때는 그에 해당되는 단위 기호를 붙이는 것을 원칙으로 한다.

② 치수정밀도가 높을 때에는 소수점 2자리 내지 3자리까지 표시할 수 있다.

③ 각도는 "도"를 기준으로 하나, 필요에 따라 "분"(′) "초"(″)를 범용할 수 있다.

2.2 치수기입 방법의 일반형식

치수기입 방법의 일반형식은 다음 [그림 4 – 1]과 같이 따른다.

① 치수는 치수선, 치수 보조선, 치수 보조기호 등을 사용하여 표시한다.

② 치수선은 원칙으로 시시하는 길이 또는 각도를 측정하는 방향에 평행하게 그린다.

변의 길이 치수   현의 길이 치수   호의 길이 치수   각도 치수

[그림 4-1] **치수선 그리기**

치수선의 양끝에는 다음 [그림 4-2]와 같이 끝 부분 기호를 붙인다.

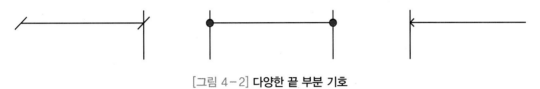

[그림 4-2] **다양한 끝 부분 기호**

③ 치수는 원칙으로 [그림 4-3]과 같이 치수 보조선을 사용한다.

[그림 4-3] **치수 보조선의 형태**

치수 보조선이 있으면 오히려 혼동하기 쉬울 때는 다음 [그림 4-4]와 같이 치수 보조선 없이 치수기입하는 방법이 좋다.

[그림 4 - 4] **치수 보조선 생략**

④ [그림 4 - 5]와 같이 치수 보조선은 치수선과 직각을 이루면서 약간 지나치게 그려야 하며, 물체에서 약간 띄워도 좋다.

[그림 4 - 5] **치수 보조선 작성 형식**

치수를 지시하는 점 또는 선을 명확히 하기 위하여 특히 필요한 경우에는 치수선에 대하여 [그림 4 - 6]과 같이 적당한 각도를 가진 서로 평행한 치수 보조선을 그릴 수 있다.

이때 치수선과 치수 보조선의 각도는 60°가 좋다.

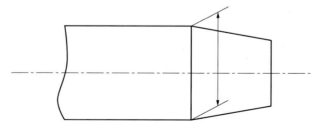

[그림 4 - 6] **치수 보조선 기울기**

⑤ 각도를 기입하는 치수선은 각도를 구성하는 두 변 또는 그 연장선(치수 보조선)의 교점을 중심으로 양변 또는 그 연장선 사이에 그린 [그림 4 – 7]과 같이 원호로 표시한다.

[그림 4 – 7] **각도 치수기입 형태**

⑥ 치수 수치를 기입하는 위치 및 방향은 특별히 정한 누진 치수기입법의 경우를 제외하고 다음 두 가지 방법 중 하나를 선택한다. 보통 방법1)을 사용한다.

방법1) 치수 수치는 수평방향의 치수선에 대하여는 도면의 하변으로부터, 수직방향의 치수선에 대하여 도면의 우변으로부터 읽도록 쓴다.

① 치수 수치는 치수선을 끊지 않고, [그림 4 – 8]과 같이 중앙의 약간 위에 써준다.

도면 외형선과 치수보조선 사이를 약간 띄워서 치수 기입한다.(0.5~1mm 사이)

[그림 4 – 8] **선형 치수기입 형태**

② 경사진 방향의 치수선에 대하여 [그림 4 – 9]와 같은 방법을 적용한다.

[그림 4 – 9] **경사진 선형 치수기입 형태**

③ 각도에 대하여는 [그림 4 – 10]의 다음 두 방법 중 하나를 선택하여 쓴다.

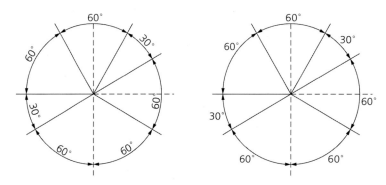

[그림 4 – 10] **경사진 선형 치수기입 형태**

수직선에 대하여 좌상에서 우하로 향하여 약 30° 이하의 각도를 이루는 방향에는 치수선의 기입을 피한다.

도형의 관계로 기입하지 않으면 안 될 경우에는 다음 [그림 4 – 11] (b), (c)와 같은 요령으로 한다.

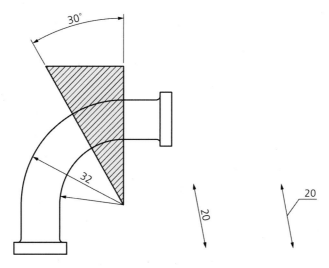

[그림 4-11] **치수기입을 피해야 하는 곳**

방법2) 치수 수치는 도면의 하변에서 읽을 수 있도록 쓴다. 수평 방향 이외의 방향의 치수선은 치수 수치를 끼우기 위하여 중단하고, 그 위치는 [그림 4-12]와 같이 치수선의 거의 중앙으로 하는 것이 좋다.

[그림 4-12] **선형 치수기입 형태**

각도 치수기입은 [그림 4-13]과 같은 방법으로 한다.

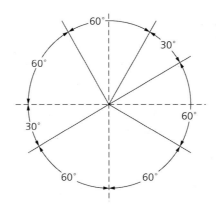

[그림 4 – 13] **각도 치수기입 형태**

⑦ 좁은 곳에서의 치수기입은 다음 방법을 따른다.

　지시선을 치수선에 끌어내고 원칙으로 그 끝을 수평으로 구부리고 그 위쪽에 치수 수치를 기입한다. 이때 지시선을 끌어내는 쪽에는 [그림 4 – 14]와 같이 화살표를 붙이지 않는다.

[그림 4 – 14] **좁은 곳에서 치수기입 형태**

　치수선을 연장하여 위쪽이나 바깥쪽에 기입하여도 된다. 치수 보조선의 간격이 좁아 화살표를 기입할 곳이 좁으면 점을 찍거나 짧은 경사선을 사용하여도 된다.

⑧ 가공, 조립할 때 기준을 고려하여 기입한다. 혹은 작업의 편의성을 고려하여 기입한다. [그림 4 – 15]와 같은 환봉을 가공하여 제작하는 경우 선반 가공을 하여야 한다.

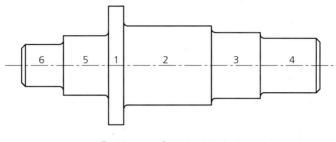

[그림 4－15] **환봉 가공 순서**

[그림 4－16]과 같이 재료의 왼쪽을 척에 물리고 1, 2, 3, 4 번을 차례로 가공한 다음 공작물을 반대로 물리고 5, 6을 가공하게 된다.

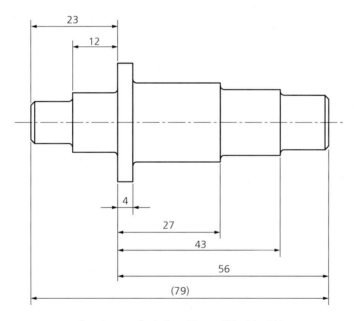

[그림 4－16] **작업공정을 고려한 치수기입**

이러한 일련의 공정을 생각한다면, 다음과 같이 치수를 기입하여야 작업자가 가장 가공하기 쉽다.

2.3 치수를 보조하는 기호

치수 보조기호는 치수 숫자에 ∅, t, R, C, S∅, SR과 같은 기호를 치수 숫자의 앞에 치수 숫자와 같은 크기로 기입하여 그것이 어떤 성질의 치수인가를 표시한다. 이들 보조 기호에 대한 설명은 [표 4－1]에서 자세히 다루기로 한다.

[표 4-1] **치수 보조 기호**

기호	의미	기호	의미
Ø	지름 치수(diameter)	SØ	구의 지름 치수(spherical diameter)
R	반지름 치수(radius)	SR	구의 반지름 치수(spherical radius)
t	판의 두께(thickness)	□	정사각형 변의 치수(square)
C	45° 모따기(chamfer)	(	원호의 길이(arc length)
( )	참고 치수(reference)	▭	이론적으로 정확한 치수(theoretically exact dimension)

2.4 주서(Note)의 기입

투상도와 치수만으로 물체의 형상을 적합하게 표시할 수 없을 때에는 주(註)를 사용한다.

주에는 일반 주기사항과 개별 주기사항으로 분류한다. 주를 사용함으로써 부가적인 투상도를 작성하지 않아도 되는 경우가 있고 또 전혀 투상도를 작성할 필요가 없을 때도 있다. 그러므로 도면에 주를 기입하는 것을 주저하여서는 안 된다. 이것은 서식(書式) 언어로서 도식(圖式) 언어를 보충하여 명확한 의사 전달을 하기 위한 것이다.

다만, 주기사항을 기입하기 위해서 사용하는 언어는 그 의미가 분명한 단어만을 엄선하여 애매한 내용이 되지 않도록 각별히 주의하여야 한다.

(1) 일반 주기사항

지시선을 붙일 필요가 없는 것으로 수평방향(가로쓰기)으로 기입하여 도면의 하단에서 읽을 수 있게 기입하여야 한다.

다음은 일반 주기사항을 기입할 때에 유의할 사항이다.

① 부품 전반에 걸쳐 해당되는 사항을 기입한다.

② 표제란 위에 기입하되 부득이 한 경우에는 표제란에서 가장 가까운 곳에 기입한다.

③ 일반 주기사항은 항상 명령문으로 한다.

예 - Setting 후 용접할 것

    - 4 - Ø12 Drill Through 또는 4 - Ø12 드릴, 관통

    - Chrome Plating 0.02mm 또는 표면 크롬도금 0.02mm

    - 2 - M10 Tap Depth 15 또는 2 - M10탭, 깊이 15

    - 10 Drill Depth 20 또는 10드릴, 깊이 20

2.5 치수의 배치

(1) 직렬 치수기입

[그림 4-17]과 같이 직렬로 나란히 연결된 개개의 치수에 주어진 치수 공차가 누적되어도 좋은 경우에 사용한다.

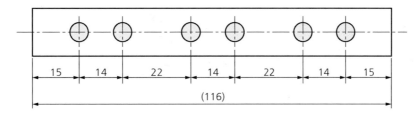

[그림 4-17] **직렬 선형 치수기입법**

(2) 병렬 치수기입

[그림 4-18]과 같이 개개의 치수 공차가 다른 치수의 공차에는 영향을 주지 않는 방법이다. 이 때 기준이 되는 치수 보조선의 위치는 기능, 가공 등의 조건을 고려하여 적절히 선택한다.

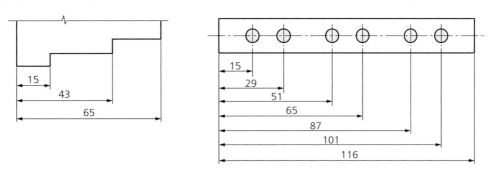

[그림 4-18] **병렬 선형 치수기입법**

(3) 누진 치수기입

[그림 4-19]와 같이 병렬 치수기입과 동등한 의미를 가진 방법으로 좀더 간편하다. 치수의 기점이 되는 위치를 작은 원으로 기입하고 치수는 화살표의 끝 쪽에 기입한다.

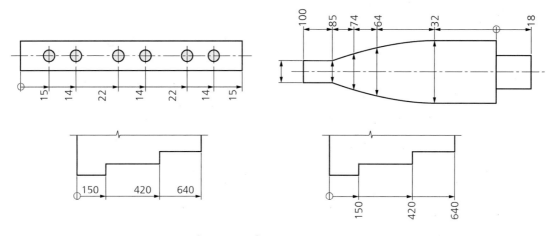

[그림 4 – 19] **누진 치수기입법 (1)**

다음 [그림 4 – 20]은 가로, 세로 동시에 적용한 예이다.

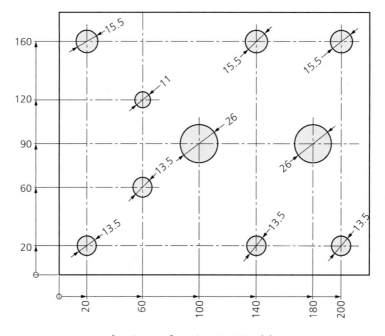

[그림 4 – 20] **누진 치수기입법 (2)**

(4) 좌표 치수기입

[그림 4 – 21]과 같이 구멍의 위치와 크기는 좌표를 사용하여 표로 나타내어도 좋다.

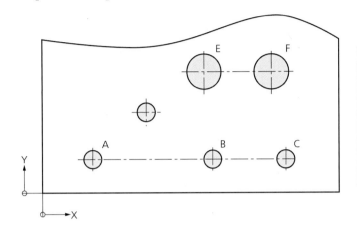

	X	Y	Ø
A	20	20	13.5
B	140	20	13.5
C	200	20	13.5
D	60	60	13.5
E	100	90	26
F	180	90	26

[그림 4 – 21] **좌표 치수기입법**

다음 [그림 4 – 22]는 캠(cam)을 좌표 치수기입법을 이용하여 효과적으로 제도한 예이다.

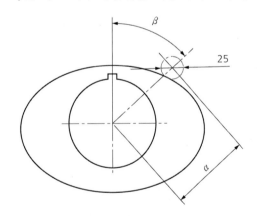

α	0°	20°	40°	60°	80°	100°	120~210°	230°	260°	280°	300°	320°	340°
β	50	52.5	57	63.5	70	74.5	76	75	70	65	59.5	55	52

[그림 4 – 22] **캠의 좌표 치수기입법**

2.6 지름, 반지름, 구의 표시

(1) 지름 표시 방법

[그림 4 – 23]은 원형의 물체를 도시하였을 때, 원형이 도시되는 곳에는 ⌀ 기호를 붙이지 않는다.

[그림 4 – 23] **지름 치수기입 – 1**

원형의 일부를 그리지 않은 도형에서 치수선의 화살표가 [그림 4 – 24]와 같이 한쪽인 경우에는 반지름 치수와 혼동하지 않도록 기호를 기입한다.

[그림 4 – 24] **지름 치수기입 – 2**

복잡하게 원통이 구성되어 치수기입이 곤란하면 [그림 4 – 25]와 같이 치수선과 화살표를 이용하여 치수기입을 한다.

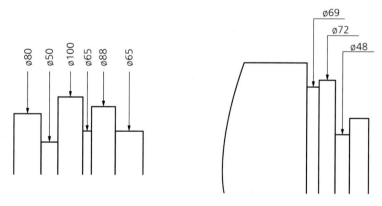

[그림 4 – 25] **지름 치수기입 – 3**

(2) 반지름 표시 방법

반지름 치수는 반지름 기호 R을 치수 앞에 붙인다.

[그림 4－26] (b)와 같이 원호의 중심까지 치수선을 그리는 경우는 R을 생략할 수 있다.

반지름을 표시하는 치수선에는 원호 쪽에만 화살표를 붙인다.

[그림 4－26] 반지름 치수기입

노하우

호의 180° 이하인 경우 반지름 치수를 기입하며, 그 이상인 호는 지름 치수를 기입하는 것이 일반적이다.

화살표나 수치를 기입할 여지가 적을 때에는 [그림 4－27]과 같이 보기를 따른다.

[그림 4－27] 좁은 곳에서 반지름 치수기입

반지름 치수를 지시하기 위하여 원호의 중심을 표시할 필요가 있을 경우에는 [그림 4－28]과 같이 ＋자 또는 검은 점으로 그 위치를 나타낸다.

원호의 중심 위치를 표시할 필요가 있을 경우 치수선을 구부려도 된다. 이때 치수선의 화살표가 붙은 부분은 정확한 중심 위치를 향하여야 한다.

[그림 4 – 28] 중심 위치 표시

동일 중심을 가진 반지름은 길이 치수와 같이 [그림 4 – 29]과 같이 누진 치수기입법을 사용하여도 된다.

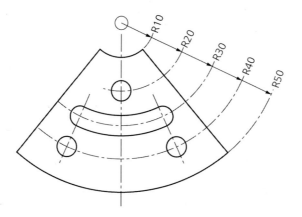

[그림 4 – 29] 누진 치수기입법을 이용한 반지름 치수기입

실물을 나타내지 않는 투상도형에 실제의 반지름 또는 전개한 상태의 반지름을 지시하는 경우에는 [그림 4 – 30]과 같이 치수 앞에 '실 R' 또는 '전개 R'의 글자 기호를 기입한다.

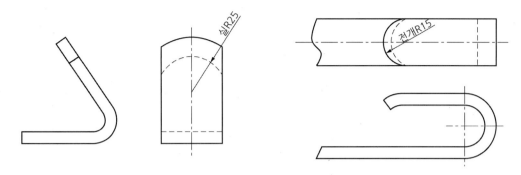

[그림 4 - 30] **실형 반지름 치수기입**

(3) 구 표시 방법

[그림 4 - 31]과 같이 구의 지름 또는 반지름 치수는 치수 수치 앞에 S∅ 또는 SR을 기입한다.

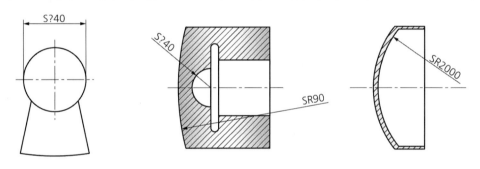

[그림 4 - 31] **구의 치수기입**

2.7 구멍의 표시 방법

① 드릴, 펀칭, 리머, 주조 코어 등 구멍의 가공 방법을 표시할 필요가 있을 때에는 [그림 4 - 32]와 같이 치수와 가공방법을 같이 기입한다.

[그림 4 – 32] **가공방법 지시**

② 동일한 모양이 연속될 경우에는 다음 [그림 4 – 33]과 같은 요령으로 치수를 기입한다.

[그림 4 – 33] **동일한 구멍이 연속될 때의 치수기입**

③ 구멍의 깊이를 지시할 때는 [그림 4 – 34]와 같이 구멍의 지름을 나타내는 치수 다음에 '깊이' 라고 쓰고 그 수치를 기입한다. 관통 구멍인 경우에는 깊이를 기입하지 않는다. 구멍의 깊이는 드릴날 끝의 원추부를 뺀 길이다. 구멍의 끝 부분은 120°로 작도하여야 한다.

[그림 4 – 34] **구멍 표시**

④ [그림 4 – 35]와 같이 자리파기를 표시하려면 지름의 치수 다음에 '자리파기'라고 쓴다.

[그림 4 – 35] **자리파기 표시**

⑤ 깊은 자리파기(볼트를 체결할 때 머리를 잠기게 한다) 표시를 할 때는 [그림 4 – 36]과 같이 치수 다음에 '깊은 자리파기'라고 쓴다. 다음에 '깊음'을 쓰고 그 수치를 기입한다.

[그림 4 – 36] **깊은 자리파기 표시 – 1**

깊은 자리파기의 깊이를 반대쪽 면으로부터 치수를 표시할 필요가 있을 때는 [그림 4 – 37]과 같이 치수선을 끌어내어 표시한다.

[그림 4 – 37] **깊은 자리파기 표시 – 2**

⑥ 긴 원의 구멍은 구멍의 기능, 가공방법에 따라 [그림 4 – 38]과 같은 방법으로 표시한다.

[그림 4 – 38] **긴 원의 구멍**

⑦ [그림 4 – 39]와 같이 경사진 구멍의 깊이는 구멍 중심선상의 깊이로 표시하거나 치수선을 사용하여 표시한다.

[그림 4 – 39] **경사진 구멍의 치수기입**

2.8 키 홈의 치수기입

① [그림 4-40]과 같은 키 홈은 엔드밀 절삭하여 키 홈을 만들어야 한다.

엔드밀의 이송거리와 깊이, 폭을 감안하여 다음과 같이 치수기입한다.

[그림 4-40] **키 홈의 표시-1**

> 키는 특수 고강도 재질로서 공구상가에서 구입하는 것이 보통이다. 이와 같이 키는 규격 제품이므로 키 홈을 절삭할 때는 키에 알맞게 가공하여야 한다. 이런 관점에서 키 홈은 자의적으로 설계하면 안 된다. 키의 KS 규격을 찾아 알맞은 치수를 정해주어야 한다.

② 축이 끝에서부터 키 홈을 절삭하는 경우에는 [그림 4-41]과 같이 도시한다.

[그림 4-41] **키 홈의 표시-2**

③ 홈 밀링커터로 키 홈을 절삭하는 경우 커터의 지름과 커터의 중심까지의 이송거리를 [그림 4-42]과 같이 표시하여야 한다.

[그림 4-42] **키 홈의 표시-3**

④ [그림 4-43]과 같이 반달 키의 키 홈을 절삭하려면 홈 밀링커터로 절삭하여야 한다. 커터의 위치
와 절삭깊이를 지정해준다.

[그림 4-43] **키 홈의 표시-4**

⑤ 구멍의 키 홈 표시

(a)   (b)   (c)

[그림 4-44] **키 홈의 표시-4**

[그림 4-44] (a)와 같이 구멍의 키 홈 치수는 나비 및 깊이를 표시한다. 특히 필요한 경우에는
[그림 4-44] (b)와 같이 키 홈의 중심면에서 홈까지의 거리를 표시하여도 된다.
[그림 4-44] (c)와 같이 경사 키용 보스의 키 홈 깊이는 키 홈의 깊은 쪽에서 표시한다.

CAD 실무 기초

CAD 시작

많은 분들이 캐드를 시작하게 되면 현재의 캐드화면이 출력된 부분에서 바로 작업을 시작하게 된다. 그러나 캐드의 초기화면은 단위(Units)가 한국표준규격에서 정하는 미터법이 적용되지 않은 경우가 많다. 초기 캐드의 시작은 미터법(mm)으로 정하는 것이 가장 우선이다.

1. 미터법 정하기

① 왼쪽 상단 "파일 / 새로 만들기" – 템플릿 선택 대화창이 나타난다.

② 사용자는 템플릿 창에서 "acadiso"를 선택하여야 한다.

    그러나 "파일 형식"이 "도면 템플릿(*.dwt)"이 선택되어 있지 않다면 "acadiso"가 나타나지 않는다.

③ 열기를 선택한다. "미터법"으로 설정된 새로운 캐드 화면이 나타난다.

> **주의**
>
> - 템플릿이 "acad"인 경우는 인치(inch) 단위의 화면으로 나타난다.
> - 반드시 "acadiso"를 선택하여 미터법(mm) 단위의 화면으로 설정하여야 한다.
>
> [미터법을 적용해야 하는 이유]
> - KS규격과 ISO규격의 기본은 미터법을 적용하게 된다.
> - 만약 국내에서 작업하는 대부분의 설계도면은 한 명의 설계자가 모든 도면을 설계하지 않는다. 대부분의 설계도면은 다수의 설계자가 협업을 통하여 도면을 작성하게 된다. 이러한 협업을 통해서 다수의 설계자가 작성한 도면을 하나의 도면으로 합치게 된다. 그러나 단위가 서로 틀리면 도면 크기가 다르게 나타난다. 이러한 문제를 방지하기 위해 초기 설정을 미터법(mm)으로 설정해야 한다.
> - 1m = 1,000mm/1cm = 10mm/1mm(캐드 기본단위)
> - 1inch = 25.4mm이다.

- KS [Korean Industrial Standards]
  한국 공업 규격의 약호. 공업 표준화를 위해 제정된 공업 규격
- ISO [International Standardization Organization]
  공업 상품이나 서비스의 국제 교류를 원활히 하기 위하여 이들의 표준화를 도모하는 세계적인 기구로서 스위스 제네바에 본부를 두고 있다.

2. 펑션키 "F7[GRID]" – 격자무늬

캐드 초기화면이 출력되면 화면영역이 격자[그리드]무늬로 나타나게 된다. 이러한 격자무늬는 작업의 효율성을 떨어지게 만든다.

펑션기 "F7"번을 눌러 격자[그리드]무늬를 숨기자.

3. 도면영역설정 "Limits"

초기 도면설정 크기는 임의의 크기로 설정되어 있다.

임의로 설정된 도면의 크기를 변경하여 작업의 편의성을 도모하고자 한다.

우선 좌측 하단의 좌표계를 보자.

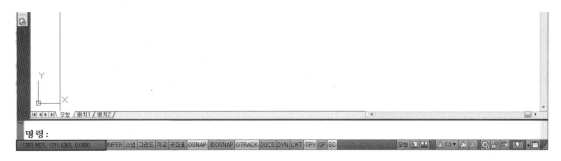

임의의 크기로 설정되어 있다.

- 마우스를 좌우로 움직여 본다.

  좌표치수의 제일 앞쪽 치수가 변경될 것이다. = "X좌표" 치수이다.

- 마우스를 상하로 움직여 본다.

  좌표치수의 두 번째 치수가 변경될 것이다. = "Y좌표" 치수이다.

- 좌표치수의 세 번째는 3차원 "Z좌표" 치수이므로 평면좌표에서는 항상 "0"으로 고정되어 있다.

지금부터 도면의 영역을 변경한다. 캐드 작업 시에 가장 많이 사용하는 "A3" 도면 크기로 변경한다.

변경하기 전 도면용지 크기에 대해 알아보고 암기하도록 하자.

A4 = 297×210   A3 = 420×297   A2 = 594×420   A1 = 841×594   A0 = 1189×841

필수암기!!!

① 풀 – 다운메뉴 [형식 / 도면한계] – 단축키 없음

> **명령**: limits Enter
>
> 모형 공간 한계 재설정
> 왼쪽 아래 구석 지정 또는 [켜기(ON)/끄기(OFF)] <0.0000,0.0000>: 0,0 Enter
> 오른쪽 위 구석 지정 <420.0000,297.0000>: 420,297 Enter

캐드 시스템 상으로는 도면의 영역이 변경되어 있는 상태이다. 그러나 화면상으로는 초기 좌표 치수가 그대로 유지되어 있을 것이다. 도면의 영역을 변경한 후 반드시 실행해야 하는 명령어가 있다.

② 풀 – 다운메뉴 [뷰 / 줌 / 전체] ZOOM – 단축키[Z] ALL – 단축키[A]

> **명령**: Z Enter
>
> 윈도우 구석을 지정, 축척 비율 (nX 또는 nXP)을 입력, 또는
> [전체(A)/중심(C)/동적(D)/범위(E)/이전(P)/축척(S)/윈도우(W)/객체(O)] <실시간>: A Enter
> 모형 재생성 중

- ZOOM / ALL 보다 쉬운 방법은 "마우스 휠 버튼"을 "더블 클릭" 하는 것이다.
- 도면 영역설정까지는 새로운 도면을 작성시 반드시 지키도록 습관을 가지도록 하자.

4. 화면구성

캐드에서는 "[Enter]"키는 "[Enter], [Space Bar], 마우스 오른쪽 버튼 클릭" 3가지가 모두 동일한 "[Enter]"의 기능을 한다. 주로 사용하는 것은 "[Space Bar]"를 사용하도록 한다.

교재에서 "[Enter]"를 하라는 것은 위에서 언급한 3가지 모두를 사용하여도 된다는 것이다. 가능하면 "[Space Bar]"를 사용하도록 한다.

이번에는 캐드 화면구성에 대하여 알아보자.

우선 화면에서 보이는 흰색 화면이다. 흰색 화면은 설계자가 작업하는 작업 영역이다. 이 화면의 크기는 무한대로 확장할 수 있고. 1/1억mm까지 축소할 수 있다.

캐드에서 명령어를 입력하는 네 가지 방법에 대하여 알아보자.

Full Down Menu : 이것은 사용자가 직접 마우스로 선택하여 명령어를 실행하는 구역이다. 마우스로 선택하면 명령어들이 아래로 떨어진다고 하여서 "풀－다운" 메뉴라고 한다.

Command Line : 명령행이다. 사용자가 직접 키보드를 입력하여 명령어를 입력하는 구간이다. 단축키를 입력하여 명령어를 실행할 수 있다.

마지막으로 아이콘을 선택하여 명령을 입력하는 방법이다.

만약 풀다운 메뉴에서 그리기 / 선이라는 명령어를 실행하여서 선을 작도할 수 있으며, 명령행에서 "Line"이라는 풀 네임을 입력하여 명령어를 실행할 수 있다. 단축키인 "L"명령어를 입력하여 명령을 실행할 수도 있다. 가장 많이 사용하는 명령어 입력방식은 단축키를 이용하여 입력하는 방식이다. 캐드 명령어의 95% 이상은 단축키가 설정되어 있다.

명령어를 실행하기 전에 "풀다운 위치"의 명령어를 설명하고 단축키에 대한 명령을 설명한다. 여러분은 단축키를 기록해 두고 사용하기 바란다.

마우스를 움직이면 좌측 하단의 좌표가 변하는 것을 볼 수 있다.

마우스를 좌우로 움직이면, 앞의 치수가 변경된다. 이것이 "X" 좌표이다. 마우스를 상하로 움직이면 두 번째 좌표가 움직이는 것을 볼 수 있다. 이것이 "Y" 좌표이다.

마우스를 움직였을 때 좌표가 변경되지 않는다면 마우스 포인터를 좌표계에 두고 선택하면 움직이는 것을 볼 수 있다. [좌표계]

여러분이 마우스를 움직이면 중간에 큰 십자 선이 움직이는 것을 볼 수 있다. 이것은 캐드 용어로 "커서 헤어"라고 한다. 현재 마우스 포인터의 위치를 확인할 수 있도록 한다.

이번에는 마우스 "휠"에 대하여 알아보자. 마우스만 잘 사용해도 작업은 상당히 편리하다.

우선 "L" 명령어를 선택한다. 명령어 선택 후 화면에서 마우스 왼쪽 버튼을 눌러서 임의로 선을 마음대로 그린다. 선을 작성 후 마우스 오른쪽 버튼을 누른다면 명령어는 종료된다.

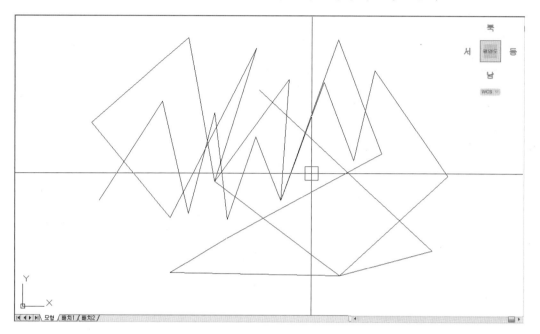

왼쪽 버튼은 "선택"이다.

오른쪽 버튼은 명령어의 종료이며, 이전 명령어의 재실행이다.

마우스 "휠"을 밀거나 당겨서 화면을 확대 또는 축소할 수 있다.

마우스 "휠" 버튼을 누른 상태에서 마우스를 움직이면 화면이 이동되는 것을 볼 수 있다. [화면이동]

마우스 "휠"을 더블 클릭하면 화면 전체를 보여준다.

중요

캐드에서는 엔터는 세 가지 방법으로 실행된다.

• 첫 번째가 키보드의 엔터키이다.

• 두 번째는 키보드의 "스페이스 바"이다.

• 세 번째는 마우스 오른쪽 버튼이다. 꼭 기억하자.

---

5. 캐드 환경설정

화면 구성에 대해서 각각의 화면을 조절하여 작업의 편리성을 높여보자.
우선 여러분의 캐드 화면의 바탕색을 검은색으로 변경하고 그리고 또한 마우스 오른쪽 버튼을 조정
해보자.

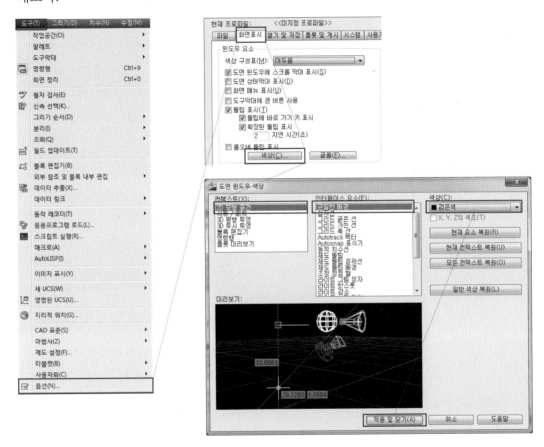

여러분의 바탕화면 색상은 흰색으로 되어 있다. 장시간 흰색 바탕으로 작업을 하면 눈의 피로도가
많이 쌓이게 된다. 이런 이유로 바탕색을 검은색으로 변경하였다.

마우스 오른쪽 버튼을 조절한다.

"도구/옵션" – 단축키[OP]를 선택하여 "사용자 기본설정" 탭으로 변경한다.

"도면 영역의 바로가기 메뉴"를 체크 off한다.

이러한 이유는 마우스 오른쪽 버튼을 "엔터"명령으로 사용하기 위함이다.

이제 도면을 작성하기 위한 기본적인 화면구성이 마무리되었다.

CHAPTER 02 | CAD 기초명령어 – 1

1. 선[LINE] – 단축키[L]

> **명령어 위치 : 풀 – 다운메뉴 / 그리기 / 선**
> **명령 :** LINE
> **명령 :** L [단축키]
>
> **명령:** L [단축키]
> LINE 첫 번째 점 지정: P1 [왼쪽 버튼 클릭]
> 다음 점 지정 또는 [명령 취소(U)]: P2 [왼쪽 버튼 클릭]
> 다음 점 지정 또는 [명령 취소(U)]: P3 [왼쪽 버튼 클릭]
> 다음 점 지정 또는 [명령 취소(U)]: P4 [왼쪽 버튼 클릭]
> 다음 점 지정 또는 [닫기(C)/명령 취소(U)]: [Enter]

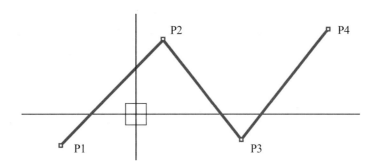

> **중요**
>
> 캐드 프로그램은 항상 대화방식으로 명령을 진행하게 된다.
> 사용자가 명령을 입력하게 된다면 캐드는 다음에 진행하여야 할 메시지를 부여함으로 사용자의 행위를 유도하게 된다. 앞에서와 같이 사용자가 선[L]이라는 명령을 주면 캐드는 유도한다. 사용자가 선이라는 명령어를 실행했으니 "첫 번째 점을 지정"이라는 문구를 주어서 다음 행동을 지시하게 된다.
> 이처럼 사용자는 명령어를 실행 후 항상 "명령행"을 보는 습관을 들여야 한다. 모든 해답은 캐드 작업화면에 있는 것이 아니라 "명령행"에 있다.

2. 지우기[ERASE] – 단축키[E]

명령어 위치 : 풀 – 다운메뉴 / 수정 / 지우기
명령 : ERASE
명령 : E [단축키]

– 지우기 명령어를 통한 선택방법은 상당히 다양하다.

(1) 명령어를 실행 후 직접적인 선택박스로 선택하는 방법

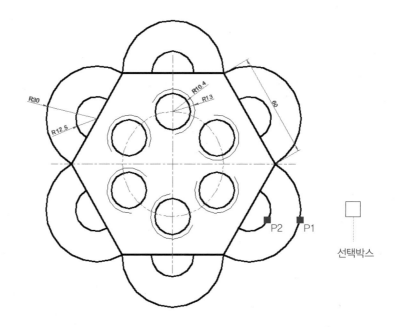

지우기 명령어[E]를 선택한 후 선택박스를 "P1, P2" 위치에 왼쪽 버튼으로 선택 한 후 [Enter]
　 – 선택된 2개의 선분이 지워진다.

(2) 지우기 명령어를 실행 후 "걸치기"를 사용하는 방법

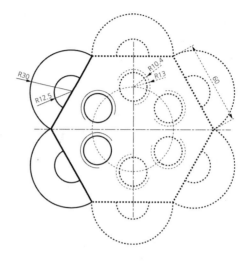

지우기 명령어[E]를 실행한 후 "P1" 지점과 "P2" 지점을 선택한다.

선택한 지점에서 왼쪽으로 움직이면 걸치기 선택방법이 실행된다. (이 방법은 포함된 영역과 그림에서 나타난 선택박스의 점선에 조금이라도 걸쳐진다면 선분은 선택된다)

　— "Enter" 점선으로 선택된 선분들은 모두 삭제된다.

(3) 지우기 명령어를 실행 후 "선택 창" 사용하는 방법

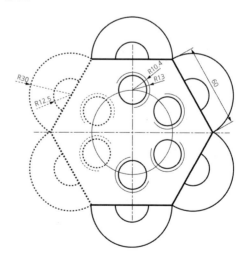

지우기 명령어[E]를 실행한 후 "P1" 지점과 "P2" 지점을 선택한다.

선택한 지점에서 오른쪽으로 움직이면 선택 창 선택방법이 실행된다. (이 방법은 완전히 포함된 선분만 선택하게 된다.)

    – "Enter" 점선으로 선택된 선분들은 모두 삭제된다.

*실수로 잘못 선택되었다면 명령실행 중 "U"키를 입력후 Enter하면 삭제된 부분을 다시 복구할 수 있다.

명령: ERASE
객체 선택: 반대 구석 지정: 8개를 찾음 객체 선택: U – 선택된 객체 선택 취소됨   (한번씩 "U" 입력 후 "Enter"를 하면 선택된 역순으로 하나씩 선택이 취소된다.) 객체 선택:

3. 명령취소 – 단축키[U]

명령: U
명령: U LINE   – 이전 명령어로 작성된 모든 선분을 한 번에 취소시킨다.

명령어를 사용 중에 "U"를 입력하는 것은 실행된 명령어로 작성된 선분이나 행위를 역순으로 한 번씩 취소하는 것이다. 그러나 명령행에서 직접적으로 "U"를 입력하는 것은 이전 명령어로 작성된 모든 행위를 한 번에 취소시킨다.

4. 취소명령 복원 – REDO

명령: REDO
LINE 모든 것이 명령 복구됨   – 명령에서 "U" 명령으로 취소된 모든 선분을 단 한 번 복원시켜준다.

[TIP] 단 한 번 적용된다.

5. 펑션키 "F8[ORTHO]" – 직교모드

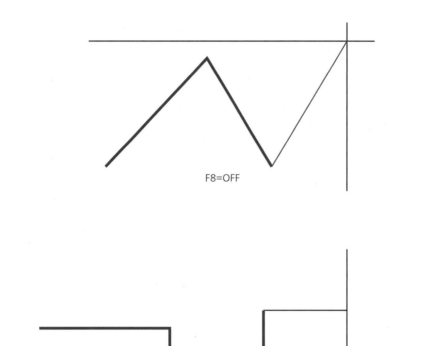

F8=OFF

직교 : 324.9135⟨0˚

F8=ON

명령: F8 <직교 켜기>

명령: L LINE 첫 번째 점 지정:

다음 점 지정 또는 [명령 취소(U)]: 위치선택(왼쪽 버튼)

다음 점 지정 또는 [명령 취소(U)]: 위치선택(왼쪽 버튼)

다음 점 지정 또는 [닫기(C)/명령 취소(U)]: 위치선택(왼쪽 버튼)

다음 점 지정 또는 [닫기(C)/명령 취소(U)]:

－ 오른쪽 그림처럼 직선으로만 선분이 작성된다.

－ 다시 "F8"<직교 끄기>를 선택하면 왼쪽 그림처럼 선분은 커서 중앙으로 이동하여 자유롭게 선분을 작성

　한다.

6. 선(Line)/끝점(END)/중간점(MID)/교차점(INT) − Shift + 오른쪽 버튼 클릭

이번에는 선(Line) 명령과 객체 점을 잡는 방법에 대하여 알아보자. 우선 캐드 화면에 선분을 임의대로 작도한다.

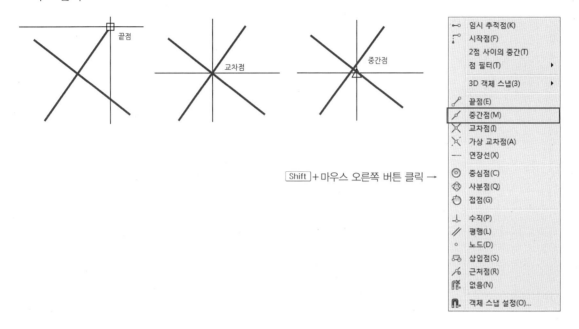

Shift + 마우스 오른쪽 버튼 클릭 →

(1) 끝점(END)
선분을 임의대로 작성하였다면 선분(L) 명령을 실행후 마우스 포인터를 선분의 끝점에 위치시킨다. 끝점 위치에 작은 사각박스가 나타난다. 왼쪽 버튼을 클릭하면 선택한 선분의 끝점에 선분이 연결된다. 기준은 선분의 중간을 기준으로 하여 가까운 끝점을 자동으로 잡는다.

(2) 교차점(INT)
마우스 포인터를 선분과 선분이 교차하는 곳에 커서를 위치 시켜보자. 교차점 위치에 "x"자 아이콘이 나타난다. 왼쪽 버튼을 클릭하면 선분의 교차점에 선분이 연결된다. 기준은 선분의 교차점을 정확하게 선택해야 한다.

(3) 중간점(Mid)

마우스 포인터를 선분의 중간에 위치하여 보자. 선분의 중간 위치에 "삼각형" 아이콘이 나타난다. 왼쪽 버튼을 클릭하면 선분의 중간점에 선분이 연결된다.

[만약 중간점이 나타나지 않으면 "Shift+마우스 오른쪽 버튼"을 누르면 객체스냅 메뉴가 나타난다. 여기서 중간점을 왼쪽 버튼으로 선택한 후 커서를 선분에 위치시키면 중간점이 나타난다.]

> **참고**
>
> 객체스냅 명령을 사용하기 위해서는 명령어를 실행한 후에 적용해야 한다. 객체스냅이 자동으로 잡히지 않는다면 객체스냅이 off된 상태이다.
> – on 하려면 "F3" 펑션키를 누르면 된다. "F3" 키를 한 번씩 누르면 ON/OFF 로 변경된다.

"F3" 키를 선택해도 객체점이 선택되지 않으면 "Shift+마우스 오른쪽 버튼"을 누르면 객체스냅 메뉴 하단에 "객체스냅설정"을 선택한다. 아래와 같은 그림이 나타난다.

왼쪽 그림 상단에 보면 "객체 스냅 켜기(F3)" 박스가 체크되어 있다. 체크되어 있는 것은 아래의 객체스냅 모드에서 체크 된 "끝점, 중간점, 중심, 사분점, 교차점"이 자동으로 선택된다는 뜻이다. 시험에 응시하는 수험생들은 중간점을 절대로 체크하지 않는다.

만약 중간점을 사용하기 원한다면 "⎣Shift⎦+마우스 오른쪽 버튼"을 눌러 중간점을 사용하도록 한다. 종종 중간점이 체크 된 경우에 원하지 않는 위치점이 잡히는 경우도 있다. 이러한 이유로 시험에 실격하는 경우가 종종 발생하므로 참고한다.

7. 객체 스냅 [F3 ON/OFF]/⎣Shift⎦+마우스 오른쪽 버튼
선분(LINE)/끝점(END)/중간점(MID)/교차점(INT)

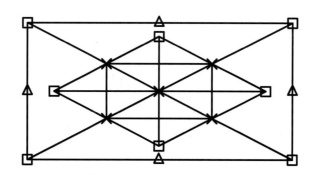

□ 끝점(END)
△ 중간점(MID)
✕ 교차점(INT)

* 각 스냅 명령어 들은 단독적으로 실행되지 않으며, 명령어 실행 중에만 실행된다.

CHAPTER **03** | 좌표계

1. 절대좌표

절대좌표는 실제로 캐드 작업 중에 많이 사용되지 않는 좌표이다.

- 적용분야 : 토목, 건축, 지도제작, 금형 등…
- 적용형식 : X,Y
- 기준 : 오리지널 원점 0,0을 기준으로 한다.

(1) 적용분야

① 토목 : 측량에 사용된다.

　※아마 여러분들도 거리를 다니다가 토목기사 분들이 긴 막대기를 들고 서 있고, 그 맞은편에서 망원경 같은 것을 보면서 위치를 이동시키며 측량하는 것을 한번쯤은 보았을 것이다. 토목 측량에서도 절대좌표가 사용된다. 단, 측량에서 X좌표는 캐드에서 Y좌표이고, 측량에서 Y좌표는 캐드에서 X좌표가 된다. 즉 측량의 좌표를 캐드로 작성하기 위해서는 X,Y좌표를 반대로 입력하면 측량된 좌표의 도면이 만들어진다.

② 지도 : 지도를 읽을 때 위도와 경도를 파악하여 지도를 읽는다. 위도와 경도는 절대좌표이며, 차량의 GPS기계도 위도와 경도를 파악하여 차량의 위치를 파악한다.

③ 금형 : NC머신이나 MCT 등의 가공기계도 절대좌표를 이용하여 가공을 한다.

(2) 적용형식

X, Y 절대좌표의 적용형식은 앞의 좌표점이 무조건 "X" 좌표값을 입력하고 뒤에 "Y" 값을 입력해야 한다. 여기서 "XY"를 구분하는 것이 ",(콤마)"이다. 반드시 지켜야 한다.

(3) 기준

기준은 캐드가 초기 부팅되었을 때부터 적용되는 오리지널 원점(변하지 않는 원점) "0,0"이 기준이다.

(4) 작성하기

1) 우선 작은 도형을 작성하기 위해서는 "limits(도면영역변경)"를 변경한다.

명령: limits

모형 공간 한계 재설정:
왼쪽 아래 구석 지정 또는 [켜기(ON)/끄기(OFF)] <0.0000,0.0000>: 0,0
오른쪽 위 구석 지정 <12.0000,9.0000>: 12,9

명령: z ZOOM

윈도우 구석을 지정, 축척 비율 (nX 또는 nXP)을 입력 또는 [전체(A)/중심(C)/동적(D)/범위(E)/이전(P)/축척(S)/윈도우(W)/객체(O)] <실시간>: a

2) 선 + 절대좌표를 이용한 도형작도

명령: l LINE

첫 번째 점 지정: 2,2
다음 점 지정 또는 [명령 취소(U)]: 9,2
다음 점 지정 또는 [명령 취소(U)]: 8,6
다음 점 지정 또는 [닫기(C)/명령 취소(U)]: 7,6
다음 점 지정 또는 [닫기(C)/명령 취소(U)]: 7,3

다음 점 지정 또는 [닫기(C)/명령 취소(U)]: 5,3

다음 점 지정 또는 [닫기(C)/명령 취소(U)]: 4,5

다음 점 지정 또는 [닫기(C)/명령 취소(U)]: 2,5

다음 점 지정 또는 [닫기(C)/명령 취소(U)]: 2,4

다음 점 지정 또는 [닫기(C)/명령 취소(U)]: 3,4

다음 점 지정 또는 [닫기(C)/명령 취소(U)]: 3,3

다음 점 지정 또는 [닫기(C)/명령 취소(U)]: 2,3

다음 점 지정 또는 [닫기(C)/명령 취소(U)]: 2,2

다음 점 지정 또는 [닫기(C)/명령 취소(U)]: Enter

2. 상대좌표

① 2D도면보다 3D도면에서 많이 사용한다.

② 적용형식 : @X,Y

③ @(at) : 시작점을 의미하며, 현 위치를 가상 원점(0,0)으로 설정하여 그 위치에서 X, Y 좌표 값을 입력한다.

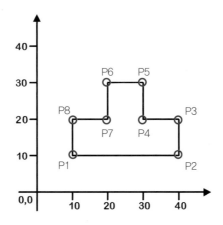

명령: l LINE

첫 번째 점 지정: 10,10 –"P1"위치생성

다음 점 지정 또는 [명령 취소(U)]: @30,0 –"P2"위치생성

다음 점 지정 또는 [명령 취소(U)]: @0,10 –"P3"위치생성

다음 점 지정 또는 [닫기(C)/명령 취소(U)]: @ – 10,0 –"P4"위치생성

다음 점 지정 또는 [닫기(C)/명령 취소(U)]: @0,10 –"P5"위치생성

다음 점 지정 또는 [닫기(C)/명령 취소(U)]: @ – 10,0 –"P6"위치생성

다음 점 지정 또는 [닫기(C)/명령 취소(U)]: @0, – 10 –"P7"위치생성

다음 점 지정 또는 [닫기(C)/명령 취소(U)]: @ – 10,0 –"P8"위치생성

다음 점 지정 또는 [닫기(C)/명령 취소(U)]: @0, – 10 –"P1"위치생성

다음 점 지정 또는 [닫기(C)/명령 취소(U)]: 엔터

상대좌표를 이용하여 그림과 같은 도형이 생성된다.

중요

상대좌표를 이용하는 것 보다는 직진좌표계를 사용하는 것이 사용자 입장에서는 유리할 것이다. 직선에 관한 것은 직진좌표를 사용한다. 앞에서 언급하였지만 "상대좌표"를 사용해야만 작성되는 도형이 있으니, 반드시 기억해둔다.

<직진좌표. "F8"(ORTHO)을 ON 상태로 선분을 작성하고자 하는 방향으로 커서를 위치 후 선분의 길이 입력 후 "엔터">

한 눈금의 치수는 1mm로 한다.

명령: L (선분입력)

LINE 첫 번째 점 지정: 1,1
다음 점 지정 또는 [명령 취소(U)]: @1,0 (P1)
다음 점 지정 또는 [명령 취소(U)]: @0,1 (P2)
다음 점 지정 또는 [닫기(C)/명령 취소(U)]: @5,0 (P3)
다음 점 지정 또는 [닫기(C)/명령 취소(U)]: @0,1 (P4)
다음 점 지정 또는 [닫기(C)/명령 취소(U)]: @4,0 (P5)
다음 점 지정 또는 [닫기(C)/명령 취소(U)]: @0,5 (P6)
다음 점 지정 또는 [닫기(C)/명령 취소(U)]: @−9,0 (P7)
다음 점 지정 또는 [닫기(C)/명령 취소(U)]: @0,−1 (P8)
다음 점 지정 또는 [닫기(C)/명령 취소(U)]: @8,0 (P9)
다음 점 지정 또는 [닫기(C)/명령 취소(U)]: @0,−3 (P10)
다음 점 지정 또는 [닫기(C)/명령 취소(U)]: @−4,0 (P11)
다음 점 지정 또는 [닫기(C)/명령 취소(U)]: @0,−1 (P12)
다음 점 지정 또는 [닫기(C)/명령 취소(U)]: @−4,0 (P13)
다음 점 지정 또는 [닫기(C)/명령 취소(U)]: @0,2 (P14)
다음 점 지정 또는 [닫기(C)/명령 취소(U)]: @5,0 (P15)
다음 점 지정 또는 [닫기(C)/명령 취소(U)]: @0,1 (P16)
다음 점 지정 또는 [닫기(C)/명령 취소(U)]: @−6,0 (P17)
다음 점 지정 또는 [닫기(C)/명령 취소(U)]: @0,−5 (1,1 자리로 복귀)
다음 점 지정 또는 [닫기(C)/명령 취소(U)]:

- 상대좌표를 입력할 때는 반드시 "@"를 우선적으로 입력해야 한다.

객체스냅 [F3 ON/OFF] / Shift+마우스 우클릭
선분(LINE) / 끝점(END) / 중간점(MID) / 교차점(INT)

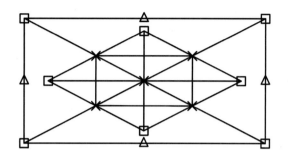

□ 끝점(END)
△ 중간점(MID)
✕ 교차점(INT)

사각박스는 객체의 끝점의 위치를 나타낸다.
삼각박스는 객체선분의 중간점의 위치를 나타낸다
엑스 표시는 선분과 선분의 교차점의 위치를 나타낸다.

위의 명령어들은 단독적으로 실행되지 않으며, 명령어 실행 중에서만 작동된다.

절대좌표, 상대좌표

LIMITS : A4 (297,210)-도면크기

◆ 절대좌표
-적용분야 : 토목,건축, 지도제작 금형
-적용형식 : X,Y
-기준 : 오리지널 원점 0,0을 기준으로 한다.

20,20

20,20

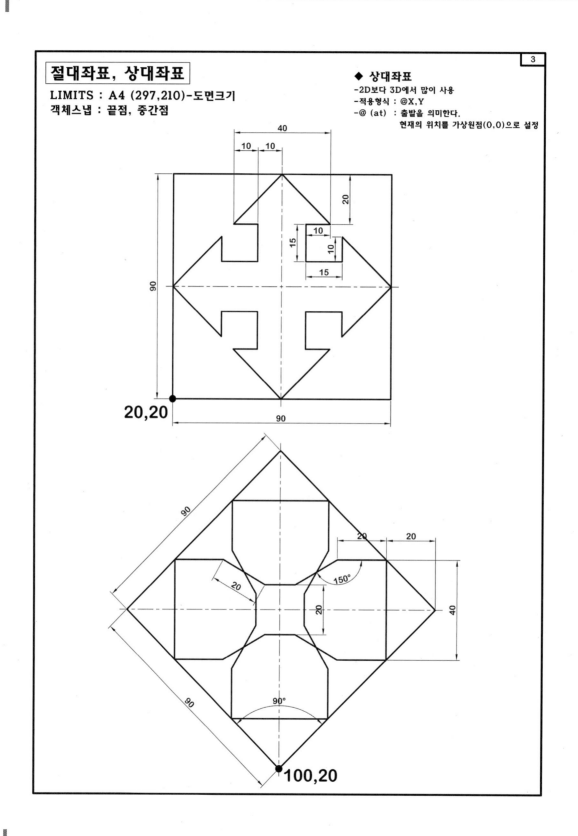

절대좌표, 상대좌표

LIMITS : A4 (297,210)-도면크기
객체스냅 : 끝점, 중간점

◆ 상대좌표
-2D보다 3D에서 많이 사용
-적용형식 : @X,Y
-@ (at) : 출발을 의미한다.
　현재의 위치를 가상원점(0,0)으로 설정

20,20

100,20

3. 상대극좌표

◆ **상대극좌표**
- 2D전용좌표
- 적용형식 : @거리<n(각도값)
- @ (at) : 출발을 의미한다.
  현재의 위치를 가상원점(0,0)으로 설정
- < : 각도기호 표기(반듯이 기입)
- n : 각도값 (선분의 진행방향)

◆ **직교모드 – F8**
◆ **극좌표모드 – F10**

이번에는 "상대극좌표"에 대해서 설명한다.

"상대극좌표"는 캐드 전용좌표이다.

캐드에서 도면을 작성 할 때 95% 이상은 이 좌표를 사용한다.

적용방식

@거리<n(각도값)으로 진행된다.

　　　@: 상대좌표와 같이 현 위치를 가상원점으로 설정한다.

　　　거리 : 사용자가 작성하고자 하는 선분의 길이 값을 입력한다.

　　　< : 상대극좌표를 사용하는 기호로, 각도를 입력한다는 기호이다.

　　　n : "n"은 선분이 진행하고자 하는 각도값을 입력한다.

각도값은 "3시 방향이 "0"도이며, 모든 기준이 되는 각도값이다. 각도값을 계산하기 위해서는 3시 = 0도 방향을 기준으로 계산한다. 12시 = 90도, 9시 = 180도, 6시 = 270도이다. 위의 그림에서 보듯이 "반시계 방향이 +" 방향이며, " – " 방향은 시계 방향이다. 6시 = – 90도, 9시 = – 180도, 12시 = – 270도 방향으로 표기한다.

앞에서 언급한 각도값은 정방향에 대한 값이지만 정방향 외에도 그 사이에는 무수히 많은 각도가 존재하게 된다. 앞으로 도형을 작도하면서 각도값을 계산해보자.

절대좌표, 상대좌표, 상대극좌표, 직진좌표

LIMITS : A4 (297,210)-도면크기

◆ 상대극좌표
- -2D전용좌표
- -적용형식 : @거리<n(각도값)
- -@ (at) : 출발을 의미한다.
  현재의 위치를 가상원점(0,0)으로 설정
- < : 각도기호 표기(반듯이 기입)
- n : 각도값 (선분의 진행방향)

◆ 직교모드 - F8
◆ 극좌표모드 - F10

12 : 90°
-270°

9 : 180°
-180°

3 : 0°

6 : 270°
-90°

135° 45°
-135° -45°

(+)
(-)

30
54
45°
50
60
135°
50
60
60
50
60
80°
125°
60
50
60

절대좌표, 상대좌표, 상대극좌표, 직진좌표

LIMITS : A4 (297,210)-도면크기

도면용지크기 (필수암기)
-A4 : 297 x 210   -A3 : 420 x 297
-A2 : 594 x 420   - A1 : 841 x 594

도면영역 변경
명령 : LIMITS
-VIEW / ZOOM /ALL (전체도면 영역)
- VIEW / ZOOM / WINDOW (확대창)

각도계산
- 마주보는 엇각은 각이 같다.
- 어떠한 삼각형이든 내각의 합은 180°이다
- 직각은 90°이다.

명령: **L LINE**
첫 번째 점 지정: **20,20**
다음 점 지정 또는 [명령 취소(U)]: @30<90
다음 점 지정 또는 [명령 취소(U)]: @60<30
다음 점 지정 또는 [닫기(C)/명령 취소(U)]: @30<0
다음 점 지정 또는 [닫기(C)/명령 취소(U)]: @60<-150
다음 점 지정 또는 [닫기(C)/명령 취소(U)]: @50<0
다음 점 지정 또는 [닫기(C)/명령 취소(U)]: @20<-90
다음 점 지정 또는 [닫기(C)/명령 취소(U)]: @50<-45
다음 점 지정 또는 [닫기(C)/명령 취소(U)]: @30<180
다음 점 지정 또는 [닫기(C)/명령 취소(U)]: @50<135
다음 점 지정 또는 [닫기(C)/명령 취소(U)]: @10<-90
다음 점 지정 또는 [닫기(C)/명령 취소(U)]: @50<180

명령: **L LINE**
첫 번째 점 지정: 임의의 위치점 선택
다음 점 지정 또는 [명령 취소(U)]: @40<0
다음 점 지정 또는 [명령 취소(U)]: @40<51
다음 점 지정 또는 [닫기(C)/명령 취소(U)]: @40<103
다음 점 지정 또는 [닫기(C)/명령 취소(U)]: @40<154
다음 점 지정 또는 [닫기(C)/명령 취소(U)]: @40<-154
다음 점 지정 또는 [닫기(C)/명령 취소(U)]: @40<-103
다음 점 지정 또는 [닫기(C)/명령 취소(U)]: @40<-51

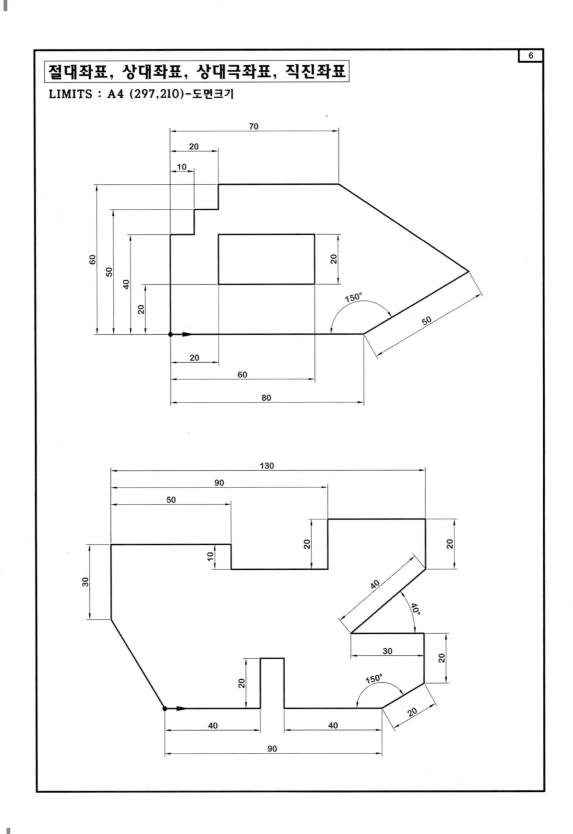

절대좌표, 상대좌표, 상대극좌표, 직진좌표

LIMITS : A4 (297,210)-도면크기

절대좌표, 상대좌표, 상대극좌표, 직진좌표
LIMITS : A4 (297,210)-도면크기

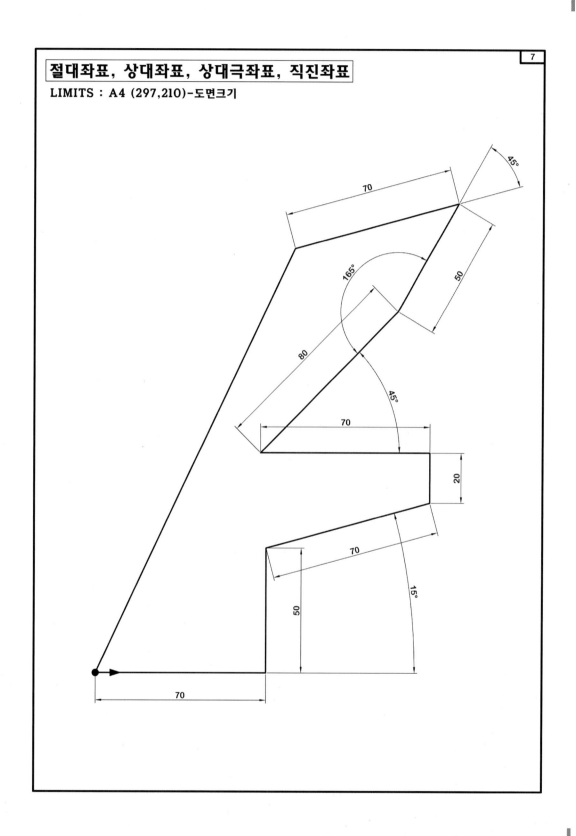

절대좌표, 상대좌표, 상대극좌표, 직진좌표

LIMITS : A4 (297,210)-도면크기

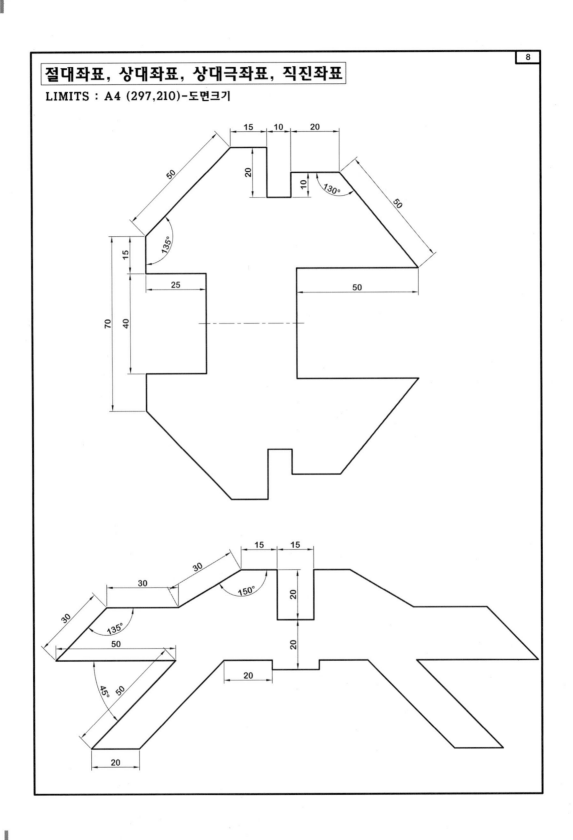

절대좌표, 상대좌표, 상대극좌표, 직진좌표

LIMITS : A4 (297,210)-도면크기

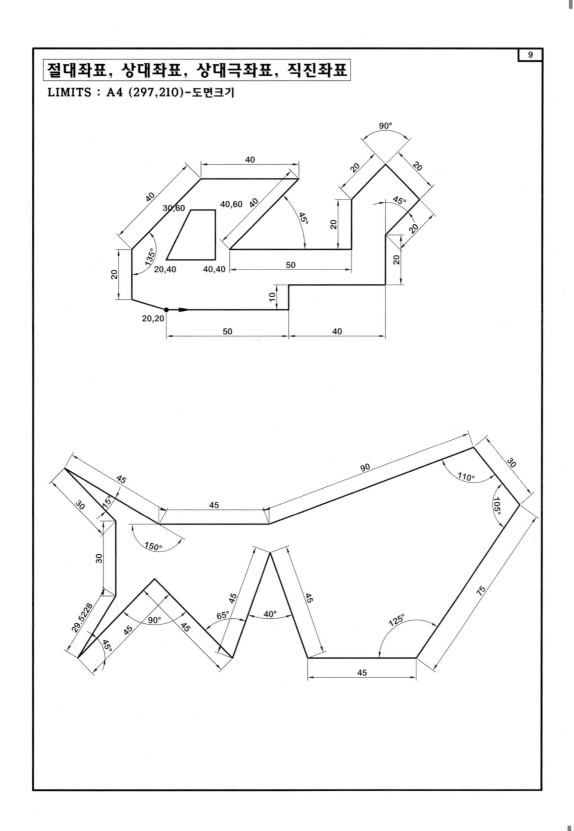

조회명령 [LIST(목록보기) | 단축키 [LI]

조회명령은 사용자가 작성한 좌표점, 선분의 길이, 각도 등이 원하는 크기로 작성되었는지를 확인하는 검도 명령이다.

중요 치수는 도형 작도 후 반드시 "각도, 선분길이, 좌표점" 등 도면 치수와 같은지 확인한다.

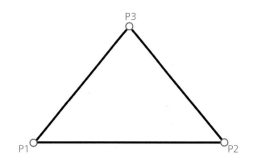

선분 명령으로 임의의 삼각형을 작성한다.

명령: LI LIST

객체 선택: 1개를 찾음 ["P1"과 "P3"사이의 선분 선택]
객체 선택: [Enter]

     선 도면층: "0"
       공간: 모형 공간
    핸들 = 218
   시작점 점, X = 2397.9415 Y = 1810.6658 Z = 0.0000
   부터 점, X = 1864.1368 Y = 1194.3901 Z = 0.0000
   길이 = 815.3178, XY 평면의 각도 = 229
   X증분 = − 533.8047, Y증분 = − 616.2756, Z증분 = 0.0000

LIST [단축키 "LI"] 선택한 선분에 대한 모든 정보를 화면상으로 출력한다. 길이값, 선분의 작성 각도, 선분의 X, Y의 증분값을 화면상으로 출력한다.

조회명령 [DIST(거리측정) | 단축키 [DI]

명령: DI DIST

첫 번째 점 지정: "P1"선택

두 번째 점 또는 [다중 점(M)] 지정: "P2"선택"

거리 = 815.3178, XY 평면에서의 각도 = 49, XY 평면으로부터의 각도 = 0

X증분 = 533.8047, Y증분 = 616.2756, Z증분 = 0.0000

DIST [단축키 "DI"] 선택한 위치 포인트를 기준으로 "명령행" 창에 나타난다. 명령어의 장점은 "명령행"에서 정보를 보여줌으로써 신속하게 선택한 위치 포인트의 거리를 확인할 수 있다.

조회명령 [IDPOINT(좌표점 보기) | 단축키 [ID]

명령: ID

점 지정: "P1"선택

X = 1864.1368   Y = 1194.3901   Z = 0.0000

IDPOINT [단축키 ID] : 선택한 위치의 좌표점을 명령행 창에 출력한다.

직사각형 [RECTANGLE | 단축키 [REC]

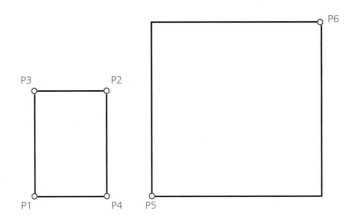

명령: REC [RECTANG]

첫 번째 구석점 지정 또는 [모따기(C)/고도(E)/모깎기(F)/두께(T)/폭(W)]: "P1"선택

다른 구석점 지정 또는 [영역(A)/치수(D)/회전(R)]: "P2"선택

"REC" 사각형 명령은 대각으로 위치 포인트를 정하여 작성한다. "P3"선택, "P4"선택

어떠한 방향이라도 대각 방향으로 선택하여 작성한다.

"REC"명령을 통한 정사각형 작성하기

명령: REC

첫 번째 구석점 지정 또는 [모따기(C)/고도(E)/모깎기(F)/두께(T)/폭(W)]: "P5"선택

다른 구석점 지정 또는 [영역(A)/치수(D)/회전(R)]: @50,50

상대좌표를 이용하여 정사각형을 작성할 수 있다. 상대좌표를 적용한 도면은 많이 없다. 그러나 이

러한 좌표를 사용해야만 좀 더 쉽게 설계 도면을 작성할 수 있다.

절대좌표, 상대좌표, 직사각형[REC]

LIMITS : A4 (297,210)-도면크기

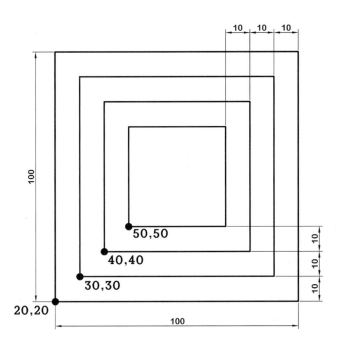

명령: **REC RECTANG**
첫 번째 구석점 지정 또는 [모따기**(C)**/고도**(E)**/모깎기**(F)**/두께**(T)**/폭**(W)**]: 20,20
다른 구석점 지정 또는 [영역**(A)**/치수**(D)**/회전**(R)**]: @100,100

명령: **REC RECTANG**
첫 번째 구석점 지정 또는 [모따기**(C)**/고도**(E)**/모깎기**(F)**/두께**(T)**/폭**(W)**]: 30,30
다른 구석점 지정 또는 [영역**(A)**/치수**(D)**/회전**(R)**]: @80,80

명령: **REC RECTANG**
첫 번째 구석점 지정 또는 [모따기**(C)**/고도**(E)**/모깎기**(F)**/두께**(T)**/폭**(W)**]: 40,40
다른 구석점 지정 또는 [영역**(A)**/치수**(D)**/회전**(R)**]: @60,60

명령: **REC RECTANG**
첫 번째 구석점 지정 또는 [모따기**(C)**/고도**(E)**/모깎기**(F)**/두께**(T)**/폭**(W)**]: 50,50
다른 구석점 지정 또는 [영역**(A)**/치수**(D)**/회전**(R)**]: @40,40

기억해두세요.
RECTANGEL 명령은 도면의 표제란과 도면의 최외각선 테두리선을 작성하는데 많이 사용됩니다.

절대좌표, 상대좌표, 직사각형[REC]

LIMITS : A4 (297,210)-도면크기

명령: **REC RECTANG**
첫 번째 구석점 지정 또는 [모따기**(C)**/고도**(E)**/모깎기**(F)**/두께**(T)**/폭**(W)**]: **20,20**
다른 구석점 지정 또는 [영역**(A)**/치수**(D)**/회전**(R)**]: **@100,100**

명령: **REC RECTANG**
첫 번째 구석점 지정 또는 [모따기**(C)**/고도**(E)**/모깎기**(F)**/두께**(T)**/폭**(W)**]: **30,30**
다른 구석점 지정 또는 [영역**(A)**/치수**(D)**/회전**(R)**]: **@30,30**

명령: **REC RECTANG**
첫 번째 구석점 지정 또는 [모따기**(C)**/고도**(E)**/모깎기**(F)**/두께**(T)**/폭**(W)**]: **70,30**
다른 구석점 지정 또는 [영역**(A)**/치수**(D)**/회전**(R)**]: **@40,60**

명령: **REC RECTANG**
첫 번째 구석점 지정 또는 [모따기**(C)**/고도**(E)**/모깎기**(F)**/두께**(T)**/폭**(W)**]: **30,70**
다른 구석점 지정 또는 [영역**(A)**/치수**(D)**/회전**(R)**]: **@30,60**

명령: **REC RECTANG**
첫 번째 구석점 지정 또는 [모따기**(C)**/고도**(E)**/모깎기**(F)**/두께**(T)**/폭**(W)**]: **70,100**
다른 구석점 지정 또는 [영역**(A)**/치수**(D)**/회전**(R)**]: **@35,30**

회전 [ROTATE] | 단축키 [RO] – 회전복사

선택된 객체를 회전시킨다.

선택된 객체를 회전시키면서 복사한다.

명령: RO [ROTATE]

현재 UCS에서 양의 각도: 측정 방향 = 시계 반대 방향 기준 방향 = 0

객체 선택: "P1"선택 1개를 찾음

객체 선택: [Enter]

기준점 지정: "P2"선택

회전각도 지정 또는 [복사(C)/참조(R)] <270>: 90

결과와 같이 사각형이 반시계 방향 90도로 회전한다.

명령: RO ROTATE

현재 UCS에서 양의 각도: 측정 방향 = 시계 반대 방향 기준 방향 = 0

객체 선택: "P3"선택 1개를 찾음

객체 선택: [Enter]

기준점 지정: "P4"선택

회전각도 지정 또는 [복사(C)/참조(R)] <90>: "C" 선택 [선택한 객체의 사본을 회전한다.]

회전각도 지정 또는 [복사(C)/참조(R)] <90>: 90

결과와 같이 원본 사각형을 그대로 둔 채, 새로운 사각형을 90도로 회전된 상태로 생성한다.

선[L], 회전[RO]-회전복사
LIMITS : A4 (297,210)-도면크기

47.0711

10

90°

20

10

회전 중심점

25

10

47.5

25

12.5

정방향 작성

45°회전

회전 중심점

회전 복사 결과

선[L], 회전[RO]-회전복사

LIMITS : A4 (297,210)-도면크기

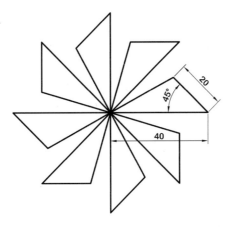

복사 [COPY | 단축키 [CO or CP]

사용자가 작성한 도형이나 객체를 원본 유지하며, 새로운 복사 객체를 만드는 명령이다.

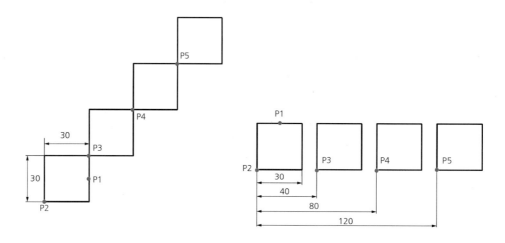

명령: CO COPY

객체 선택: 반대 구석 지정: "P1"선택 [1개를 찾음]

객체 선택: Enter

현재 설정: 복사 모드 = 다중(M)

기본점 지정 또는 [변위(D)/모드(O)] <변위(D)>: "P2"선택

두 번째 점 지정 또는 <첫 번째 점을 변위로 사용>: "P3"선택

두 번째 점 지정 또는 [종료(E)/명령 취소(U)] <종료>: "P4"선택

두 번째 점 지정 또는 [종료(E)/명령 취소(U)] <종료>: "P5"선택

두 번째 점 지정 또는 [종료(E)/명령 취소(U)] <종료>: Enter

명령: CP COPY

객체 선택: 1개를 찾음 "P1"선택

객체 선택:

현재 설정: 복사 모드 = 다중(M)

기본점 지정 또는 [변위(D)/모드(O)] <변위(D)>: "P2"선택

두 번째 점 지정 또는 <첫 번째 점을 변위로 사용>: @40<0 "P3"선택

두 번째 점 지정 또는 [종료(E)/명령 취소(U)] <종료>: @80<0 "P4"선택

두 번째 점 지정 또는 [종료(E)/명령 취소(U)] <종료>: @120<0 "P5"선택

두 번째 점 지정 또는 [종료(E)/명령 취소(U)] <종료>: Enter

복사, 직사각형, 회전
LIMITS : A4 (297,210)-도면크기

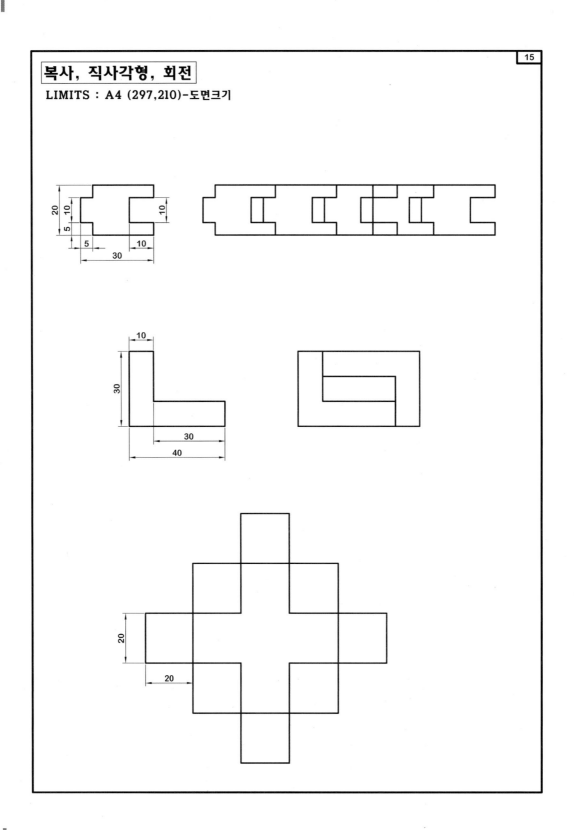

복사, 직사각형, 회전
LIMITS : A4 (297,210)-도면크기

이동 [MOVE | 단축키 [M]

사용자가 선택한 객체를 다른 위치로 원본을 이동시키는 명령이다.

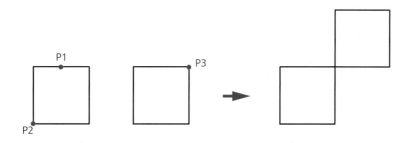

명령: M [MOVE]

객체 선택: "P1"선택 1개를 찾음

객체 선택: Enter

기준점 지정 또는 [변위(D)] <변위>: "P2"선택

두 번째 점 지정 또는 <첫 번째 점을 변위로 사용>: "P3"선택

결과처럼 선택한 사각형 박스가 이동된다.

이동, 회전

LIMITS : A4 (297,210)-도면크기

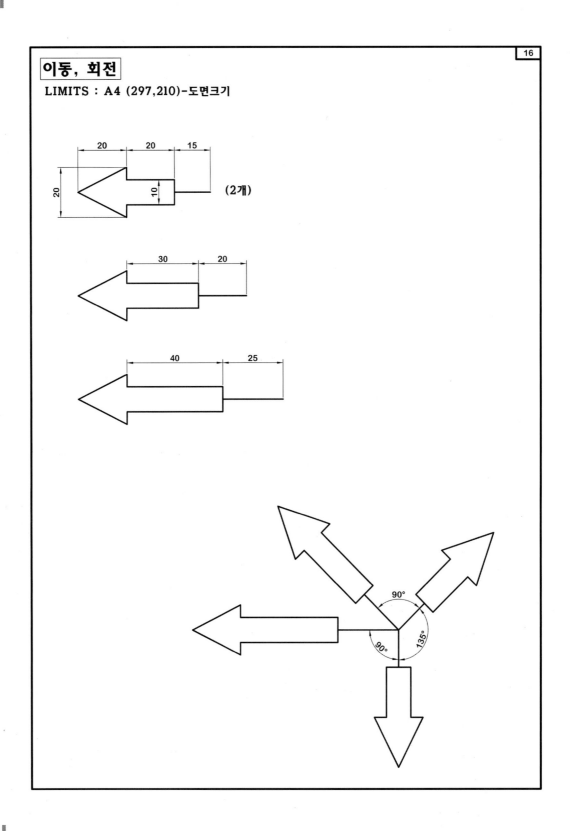

이동, 회전

LIMITS : A4 (297,210)-도면크기

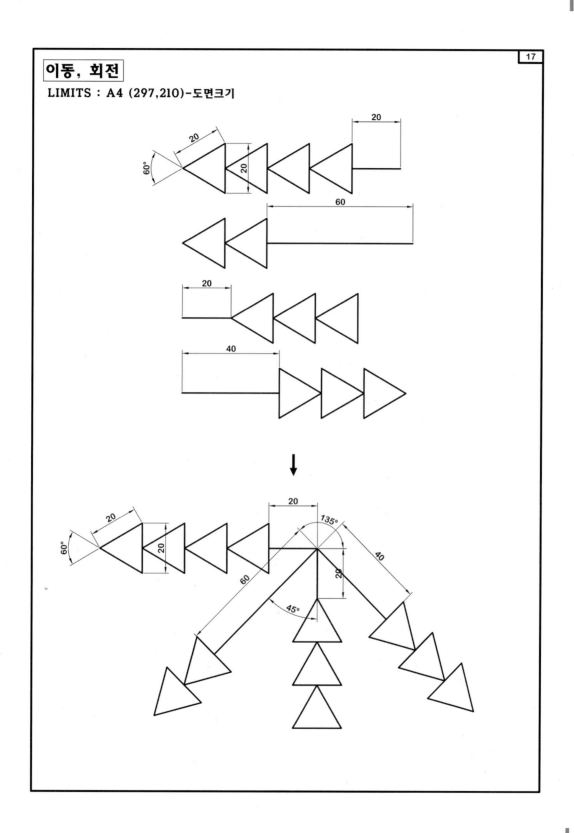

원[CIRCLE | 단축키 [C]

중심점, 반지름   중심점, 지름

명령: C CIRCLE   [중심점, 반지름]

원에 대한 중심점 지정 또는 [3점(3P)/2점(2P)/Ttr – 접선 접선 반지름(T)]: 임의 점 선택

원의 반지름 지정 또는 [지름(D)]: 30 엔터

반지름 30 또는 지름 60인 원이 생성된다.

초기의 기본값은 반지름으로 설정되어 있다.

반지름 설정값은 원의 가장자리 부분이 커서의 중간에 위치한다.

명령: C CIRCLE   [중심점, 지름]

원에 대한 중심점 지정 또는 [3점(3P)/2점(2P)/Ttr – 접선 접선 반지름(T)]: 임의 점 선택

원의 반지름 지정 또는 [지름(D)] <30.0000>: D [지름을 적용하기 위해서 "D"를 입력함

원의 지름을 지정함 <60.0000>: 30 엔터

지름 30 또는 반지름 15인 원이 생성된다.

지름을 선택하기 위해서는 반지름 입력 창에서 "D"를 입력하여 지름을 선택한다.

지름 설정값은 원의 가장자리 부분이 커서와 원 중심의 중간에 위치한다.

참고

R30 = 반지름 – 30 / 지름 – 60을 나타낸다.

∅30 = 반지름 – 15 / 지름 – 30을 나타낸다.

기호를 기억하자!

두 점을 이용한 원   두 점과 상대극좌표 이용

명령: C CIRCLE   [2점 - 임의의 2점을 지나는 원 생성]

원에 대한 중심점 지정 또는 [3점(3P)/2점(2P)/Ttr – 접선 접선 반지름(T)]: 2P [두 점을 이용한 원]
원 지름의 첫 번째 끝점을 지정: "P1" 위치선택
원 지름의 두 번째 끝점을 지정: "P2" 위치선택

– "P1"과 "P2" 위치점을 지나는 원이 생성된다. [임의의 두 점을 지나면서 원을 생성한다.]

명령: C CIRCLE   [2점 - 상대극좌표를 이용한 원 생성]

원에 대한 중심점 지정 또는 [3점(3P)/2점(2P)/Ttr – 접선 접선 반지름(T)]: 2P [두 점을 이용한 원]
원 지름의 첫 번째 끝점을 지정: "P3"위치선택
원 지름의 두 번째 끝점을 지정: @50<0 "P3"에서 50미리의 거리에 "P4"의 위치가 생성됨으로 지름 50인 원이 생성됨.

– 원을 생성할 때 상대극좌표를 이용하여 작성한다.

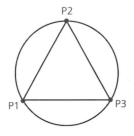

세 점을 이용한 원

임의의 삼각형을 작성한다.

명령: C CIRCLE   [3점 -임의의 3점을 지나는 원을 생성한다.]

원에 대한 중심점 지정 또는 [3점(3P)/2점(2P)/Ttr – 접선 접선 반지름(T)]: 3P [3점을 이용한 원]
원 위의 첫 번째 점 지정: "P1"위치선택
원 위의 두 번째 점 지정: "P2"위치선택
원 위의 세 번째 점 지정: "P3"위치선택

– 임의의 3점을 지나는 원이 생성된다.

 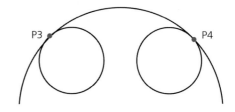

임의의 위치에 반지름 30원 2개를 작성한다.

명령: C CIRCLE   [두 개의 선분에 접하는 원 작성]
원에 대한 중심점 지정 또는 [3점(3P)/2점(2P)/Ttr – 접선 접선 반지름(T)]: T [접선선택] 원의 첫 번째 접점에 대한 객체위의 점 지정: "P1"위치선택 원의 두 번째 접점에 대한 객체위의 점 지정: "P2"위치선택 원의 반지름 지정 <100.0000>: 100

임의의 원 안쪽 점 "P1"과 임의의 원 안쪽 점 "P2"점을 선택한 후 100을 입력한다면 원과 원을 안쪽으로 파고 들어오는 원이 생성된다.

임의의 원 외곽 점 "P3"과 임의의 원 외곽 점 "P4"점을 선택한 후 100을 입력한다면 원과 원을 둘러싸는 형상의 원이 생성된다.

임의의 3개의 선분에 접하는 원 생성은 단축키가 없다. 이 명령을 실행하기 위해서는 반드시 풀다운
메뉴 / 원 / 접선, 접선, 접선을 선택하여 실행하여야 한다.

명령: _circle　　**[풀 다운메뉴 / 그리기 / 원 / 접선, 접선, 접선 선택]**	
원에 대한 중심점 지정 또는 [3점(3P)/2점(2P)/Ttr – 접선 접선 반지름(T)]: _3p	
원 위의 첫 번째 점 지정: _tan –> "P1"위치선택	
원 위의 두 번째 점 지정: _tan –> "P2"위치선택	
원 위의 세 번째 점 지정: _tan –> "P3"위치선택	

세 개의 원 안쪽에 접하는 원이 생성된다. 만약 원의 외각 점을 선택한다면 3개의 원을 둘러싸는 원이
생성된다.

명령: _circle　　**[풀 다운메뉴 / 그리기 / 원 / 접선, 접선, 접선 선택]**	
원에 대한 중심점 지정 또는 [3점(3P)/2점(2P)/Ttr – 접선 접선 반지름(T)]: _3p	
원 위의 첫 번째 점 지정: _tan –> "P4"위치선택	
원 위의 두 번째 점 지정: _tan –> "P5"위치선택	
원 위의 세 번째 점 지정: _tan –> "P6"위치선택	

세 개의 선분을 선택한다면 삼각형 안쪽에 접하는 원이 생성된다. 원과 원, 선분과 선분, 원과 선분
캐드 상에 존재하는 선분에 적용된다.

객체스냅 중심점(CEN) / 사분점(QUA) / 접점(TAN)

1. 객체스냅 – 중심점(CEN)

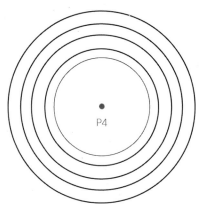

사용자는 임의 크기 3개를 작성한다.

명령: l LINE

첫 번째 점 지정: "P1"위치선택 [커서의 포인터를 "P1"위치의 원의 가장자리에 위치하게 되면 원 중심에 "(+)
십자 포인트"위치가 표시가 되면 위치 포인트를 선택한다.]
다음 점 지정 또는 [명령 취소(U)]: "P2"위치선택 [커서의 포인터를 "P2"위치의 원의 가장자리에 위치하게
되면 원 중심에 "(+)십자 포인트"위치가 표시가 되면 위치 포인트를 선택한다.]
다음 점 지정 또는 [명령 취소(U)]: "P3"위치선택 [커서의 포인터를 "P3"위치의 원의 가장자리에 위치하게
되면 원 중심에 "(+)십자 포인트"위치가 표시가 되면 위치 포인트를 선택한다.]
다음 점 지정 또는 [닫기(C)/명령 취소(U)]"P1"위치선택 [커서의 포인터를 "P1"위치의 원의 가장자리에 위
치하게 되면 원 중심에 "(+)십자 포인트"위치가 표시가 되면 위치 포인트를 선택한다.]
다음 점 지정 또는 [닫기(C)/명령 취소(U)]: 엔터

원 명령을 선택 후 "P4"의 위치를 선택하여 원 중심을 지나는 원이 생성된다.

사용자가 작성하였듯이 커서를 원 가장자리에 위치하게 된다면 원의 중심에 포인터 위치를 나타내

게 된다. 이러한 점을 "중심점"이라 한다. 선택 포인터 위치가 자동으로 나타나는 것은 "객체스냅

(F3) / ON"으로 설정되어 있기 때문이다.

만약 설정되어 있지 않다면 "SHIFT+마우스 오른쪽 버튼"을 선택하여 "중심점"을 선택하면 된다.

이러한 명령어들은 선에서만 아니라 원을 작성할 때도 적용된다. 캐드 상에 원형 부분이 있다면 모두 해당된다.

2. 객체스냅 – 사분점(QUA)

선을 이용한 사분점

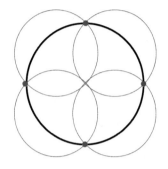

원 두 점을 이용한 사분점

명령: L LINE

첫 번째 점 지정: 점의 위치선택
다음 점 지정 또는 [명령 취소(U)]: 점의 위치선택
다음 점 지정 또는 [명령 취소(U)]: 점의 위치선택
다음 점 지정 또는 [닫기(C)/명령 취소(U)]: 점의 위치선택
다음 점 지정 또는 [닫기(C)/명령 취소(U)]: 점의 위치선택
다음 점 지정 또는 [닫기(C)/명령 취소(U)]: 엔터

선분을 선택 후 커서를 원의 가장자리 "0", "90", "180", " 270"도 지점에 위치하게 하면 "다이아몬드" 형태의 아이콘이 생성된다. 이 아이콘이 사분점의 위치를 알려주는 아이콘이다.

원의 "점의 위치를 선택하면"사분 점을 지나가는 선분이 생성된다. 이러한 사분 점 선택명령은 캐드에서 사용하는 그리기 명령 모두에 해당된다. 사용자가 작성하였듯이 커서를 원 가장자리에 위치시키고 "0", "90", "180", "270"도 지점을 "사분점"이라 한다.

선택 포인터 위치가 자동으로 나타나는 것은 "객체스냅 (F3) / ON"으로 설정되어 있기 때문이다. 만약 설정되어 있지 않다면 " Shift +마우스 오른쪽 버튼"을 선택하여 "사분점"을 선택하면 된다. 캐드에서 원형 부분이 있다면 모두에 해당된다.

3. 객체스냅 – 접점(TAN)

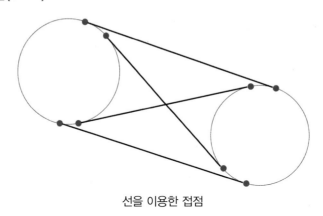

선을 이용한 접점

명령: L LINE   [접점을 이용한 원의 선분]
첫 번째 점 지정: _tan → [SHIFT+마우스 오른쪽 버튼 / 접점선택] 다음 점 지정 또는 [명령 취소(U)]: _tan → [SHIFT+마우스 오른쪽 버튼 / 접점선택] 다음 점 지정 또는 [명령 취소(U)]: Enter

선분을 선택 후 "동그란 점"을 선택하여 선으로 원을 연결한다.

선분으로 원을 연결할 때는 반드시 "SHIFT+마우스 오른쪽 버튼" "접점"을 필히 선택하여 연결하여야 한다.(원의 위치에 선택할 때에는 매번 "접점"을 선택하여야 한다.)

사분점으로 연결되는 원도 있다. 원의 크기가 같으며, 반드시 수평과 수직선상에 위치한 원은 "사분점"으로 연결하여도 무방하다.

원(C)

LIMITS : A4 (297,210)-도면크기

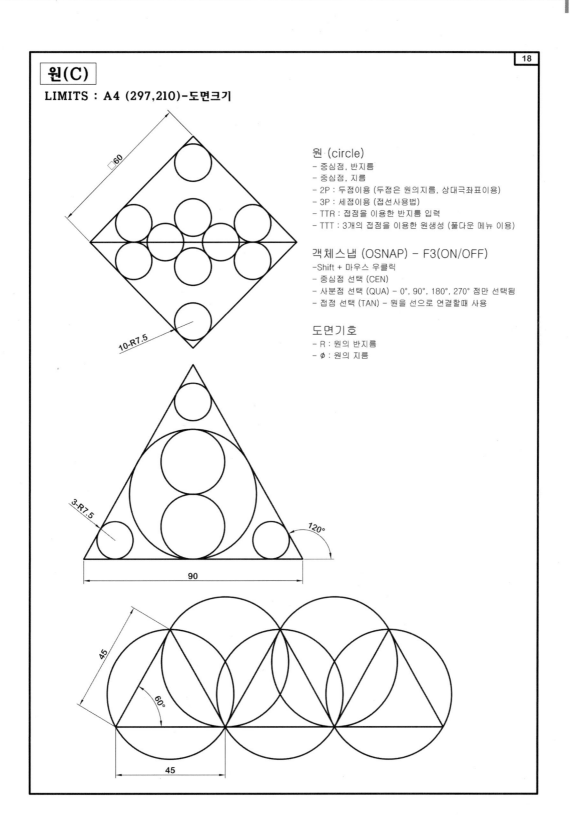

원 (circle)
- 중심점, 반지름
- 중심점, 지름
- 2P : 두점이용 (두점은 원의지름, 상대극좌표이용)
- 3P : 세점이용 (접선사용법)
- TTR : 접점을 이용한 반지름 입력
- TTT : 3개의 접점을 이용한 원생성 (풀다운 메뉴 이용)

객체스냅 (OSNAP) - F3(ON/OFF)
-Shift + 마우스 우클릭
- 중심점 선택 (CEN)
- 사분점 선택 (QUA) - 0°, 90°, 180°, 270° 점만 선택됨
- 접점 선택 (TAN) - 원을 선으로 연결할때 사용

도면기호
- R : 원의 반지름
- ø : 원의 지름

원(C), 복사(CP), 회전(RO)

LIMITS : A4 (297,210)-도면크기

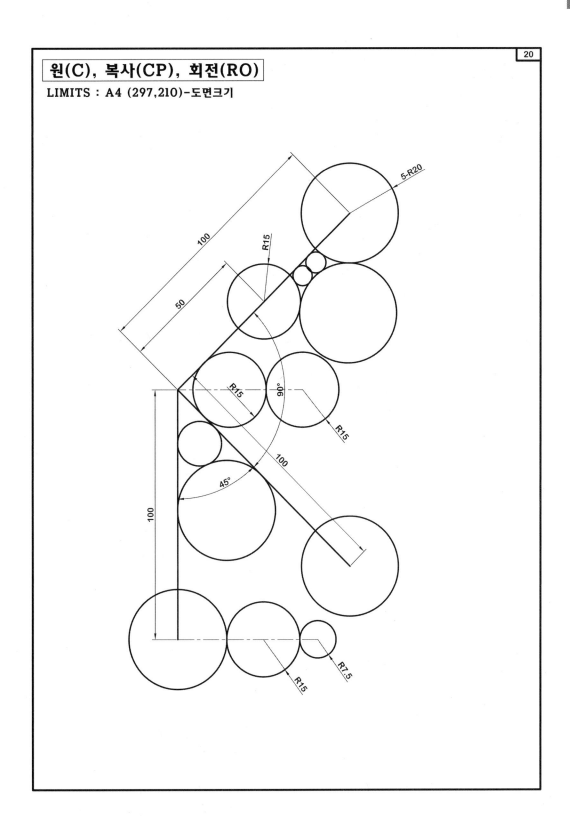

원(C), 복사(CP), 회전(RO)

LIMITS : A4 (297,210)-도면크기

원(C), 복사(CP), 회전(RO)

LIMITS : A4 (297,210)-도면크기

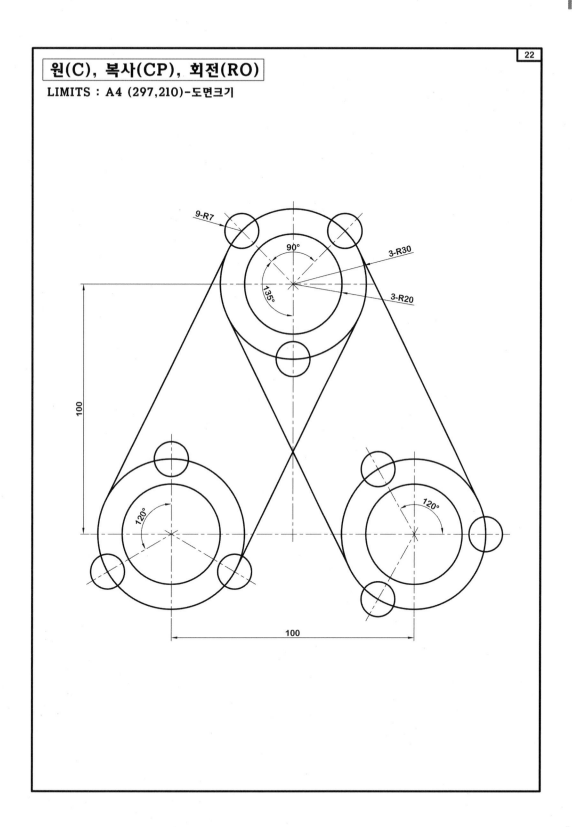

자르기 [TRIM | 단축키 [TR]

[자르기(TR)를 사용하는 이유]

도면을 작성하다 보면 사용자의 실수 또는 작성 시 피치 못할 사정으로 원하는 위치보다 더 긴 선분들을 작성하게 된다. 이러한 경우에 자르기 명령을 사용하게 된다.

만약 자르기 명령어를 사용하지 않은 경우는 오류로 작성된 선분을 지우고 다시 그려야 하는 불편함이 있기에 선분 길이의 오류가 있더라도 지우기 명령어를 사용하지 말고 자르기 명령어를 적용하여 사용자가 원하는 선분을 만들기 바란다.

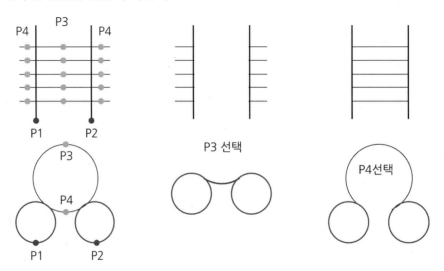

명령: TR [TRIM]

현재 설정: 투영=UCS 모서리=연장   절단 모서리 선택

객체 선택 또는 <모두 선택>: 1개를 찾음 [P1선택 – 기준선]

객체 선택: 1개를 찾음, 총 2개 [P2선택 기준선]

객체 선택: ⏎[선택종료]

자를 객체 선택 또는 Shift 키를 누른 채 선택하여 연장 또는

[울타리(F)/걸치기(C)/프로젝트(P)/모서리(E)/지우기(R)/명령 취소(U)]:

[P3 선택] or [P4 선택]

자를 객체 선택 또는 Shift 키를 누른 채 선택하여 연장 또는

[울타리(F)/걸치기(C)/프로젝트(P)/모서리(E)/지우기(R)/명령 취소(U)]: ⏎[선택종료]

[TIP] TRIM[자르기] 명령어는 반드시 잘려지는 선분의 기준을 정한 후에 선분을 잘라낼 것을 권유한다. 잘려지는 선분의 어디에서 어디까지인지를 명확히 기준을 정한 후 잘려질 선분의 위치에 선택하여 선분 잘라내기를 사용한다.

앞의 그림처럼 "P1과 P2"는 잘려지는 선분의 기준이 된다. [두서없이 자르는 것은 도면작성 후 불필요선이 남겨진다.] 반드시 기준선을 정한 후에 선분을 자른다.

연장하기 [EXTEND] | 단축키 [EX]

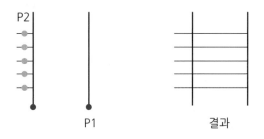

명령: EX [EXTEND]

현재 설정: 투영 = UCS 모서리 = 연장

경계 모서리 선택

객체 선택 또는 <모두 선택>: 1개를 찾음 [P1선택]

객체 선택: 엔터[선택종료]

연장할 객체 선택 또는 Shift 키를 누른 채 선택하여 자르기 또는

[울타리(F)/걸치기(C)/프로젝트(P)/모서리(E)/명령 취소(U)]: [P2선택]

연장할 객체 선택 또는 Shift 키를 누른 채 선택하여 자르기 또는

[울타리(F)/걸치기(C)/프로젝트(P)/모서리(E)/명령 취소(U)]: 엔터[선택종료]

[TIP] EXTEND [연장하기] 명령어는 반드시 연장되는 선분의 기준을 정한 후에 선분을 연장 할 것을 권유한다. 연장되는 선분은 어디까지인지를 명확히 기준을 정한 후에 연장하기를 권장한다. 위의 그림처럼 "P1"은 연장되는 기준선이 된다. [반드시 기준선을 정한 후에 선분을 연장하는 것을 기억할 것!]

모깎기 [FILLET | 단축키 [F]

명령: F FILLET [**모깎기 선택**]

현재 설정: 모드 = TRIM, 반지름 = 300.0000

첫 번째 객체 선택 또는 [명령 취소(U)/폴리선(P)/반지름(R)/자르기(T)/다중(M)]: R [반지름]

모깎기 반지름 지정 <300.0000>: 0 [반지름 값 입력]

첫 번째 객체 선택 또는 [명령 취소(U)/폴리선(P)/반지름(R)/자르기(T)/다중(M)]: [P1선택]

두 번째 객체 선택 또는 Shift 키를 누른 채 선택하여 구석 적용: [P2선택]

결과 : 두 개의 모서리가 직각상태로 선분이 정리된다.

명령: F FILLET [**모깎기 선택**]

현재 설정: 모드 = TRIM, 반지름 = 300.0000

첫 번째 객체 선택 또는 [명령 취소(U)/폴리선(P)/반지름(R)/자르기(T)/다중(M)]: R [반지름]

모깎기 반지름 지정 <300.0000>: 10 [반지름 값 입력]

첫 번째 객체 선택 또는 [명령 취소(U)/폴리선(P)/반지름(R)/자르기(T)/다중(M)]: [P1선택]

두 번째 객체 선택 또는 Shift 키를 누른 채 선택하여 구석 적용: [P2선택]

결과 : 두 개의 모서리가 반지름 = 10 상태로 선분이 정리된다.

1. 원에 대한 모깎기 적용

> **명령**: F FILLET [모깎기 선택]
>
> 현재 설정: 모드 = TRIM, 반지름 = 300.0000
> 첫 번째 객체 선택 또는 [명령 취소(U)/폴리선(P)/반지름(R)/자르기(T)/다중(M)]: R [반지름]
> 모깎기 반지름 지정 <300.0000>: 30 [반지름 값 입력]
> 첫 번째 객체 선택 또는 [명령 취소(U)/폴리선(P)/반지름(R)/자르기(T)/다중(M)]: [P1선택]
> 두 번째 객체 선택 또는 Shift 키를 누른 채 선택하여 구석 적용: [P2선택]

결과 : 원과 원사이의 반지름 = 30의 호가 생성된다. [이 부분은 원 명령어의 "접선, 접선, 반지름" 명령어를 적용한 후 자르기(TRIM) 명령어를 적용하여 선분을 정리하여야 하나 "모깎기[FILLET]" 명령어를 적용하면 한번에 모든 것이 정리된다.

 - 원과 원 사이 "호" 작성은 "모깎기[FILLET]" 명령어로 작성한다.

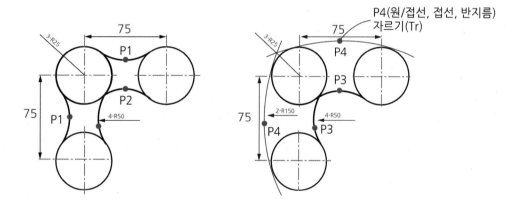

> **암기**
>
> "P1, P2, P3"는 모깎기 명령어를 적용하여 작성한다.(원과 원 사의의 호를 작성하는 경우는 "모깎기[FILLET]"을 이용하여 작성한다.)
> 그러나 "P4"의 경우는 원과 원을 외각으로 생성되는 호가 생성하기 위해서는 "원 명령어[접선, 접선, 반지름]"으로 작성한 후 "자르기[TRIM]"명령어를 이용하여 마무리한다.

간격복사 [OFFSET | 단축키 [O]

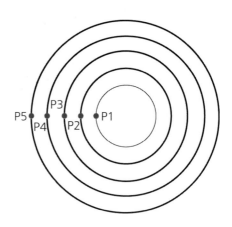

명령: O OFFSET
현재 설정: 원본 지우기 = 아니오 도면층 = 원본 OFFSETGAPTYPE = 0
간격띄우기 거리 지정 또는 [통과점(T)/지우기(E)/도면층(L)] <통과점>: 30 [간격띄우기 값 입력]
간격띄우기 할 객체 선택 또는 [종료(E)/명령 취소(U)] <종료>: [P1선택]
간격띄우기 할 면의 점 지정 또는 [종료(E)/다중(M)/명령 취소(U)] <종료>:[P2선택] – 임의의 지점선택
간격띄우기 할 객체 선택 또는 [종료(E)/명령 취소(U)] <종료>:[P2선택]
간격띄우기 할 면의 점 지정 또는 [종료(E)/다중(M)/명령 취소(U)] <종료>:[P3선택] – 임의의 지점선택
간격띄우기 할 객체 선택 또는 [종료(E)/명령 취소(U)] <종료>:[P3선택]
간격띄우기 할 면의 점 지정 또는 [종료(E)/다중(M)/명령 취소(U)] <종료>:[P4선택] – 임의의 지점선택
간격띄우기 할 객체 선택 또는 [종료(E)/명령 취소(U)] <종료>:[P4선택]
간격띄우기 할 면의 점 지정 또는 [종료(E)/다중(M)/명령 취소(U)] <종료>:[P5선택] – 임의의 지점선택
간격띄우기 할 객체 선택 또는 [종료(E)/명령 취소(U)] <종료>: 엔터

간격띄우기는 사용자가 입력한 값 = 30의 거리로 등 간격으로 복사한다.

원의 경우는 선택한 원의 외각으로 동심 복사한다. 값 = 30인 경우 동심 복사되는 원의 반지름이 30

치수로 증가되어서 복사된다.

계산기[단축키 [CAL] / 명령중 계산기 적용 – 'CAL

1. 사칙연산을 통한 간격띄우기

> **명령:** O OFFSET
>
> 현재 설정: 원본 지우기＝아니오 도면층＝원본 OFFSETGAPTYPE＝0
> 간격띄우기 거리 지정 또는 [통과점(T)/지우기(E)/도면층(L)] <30.0000>: 30/2
> 간격띄우기 할 객체 선택 또는 [종료(E)/명령 취소(U)] <종료>: 객체선택

- 결과 : "+", "－" "*", "/" 기호를 적용하여 수를 더하거나 나누거나 곱하거나 빼기가 가능하다. 선택한 선분은 15mm 간격으로 간격복사가 된다.

- "/"나누기 명령을 사용할 때에는 정수인 경우에는 바로 나누어져 수치 입력이 가능하다. 그러나 소수 부를 나눌 때는 명령 중 계산기 명령을 적용하여야 한다.
  - 정수는 바로 나누기가 가능하나 소수 부를 나누기 위해서는 명령어 실행 중 계산기 명령어를 적용하여야 한다.

> **명령:** o OFFSET
>
> 현재 설정: 원본 지우기＝아니오 도면층＝원본 OFFSETGAPTYPE＝0
> 간격띄우기 거리 지정 또는 [통과점(T)/지우기(E)/도면층(L)] <15.0000>: 'cal (어퍼스트러피 cal)
> >>>> 표현식: 45.25/3
> OFFSET 명령 재개 중.
> 간격띄우기 거리 지정 또는 [통과점(T)/지우기(E)/도면층(L)] <15.0000>: 15.083333333333
> 간격띄우기 할 객체 선택 또는 [종료(E)/명령 취소(U)] <종료>:

23

자르기 (TR), 연장하기 (EX), 간격복사(O), 모깎기(F)

LIMITS : A4 (297,210)-도면크기

◆ 자르기 (TRim)
-지정된 경계요소로 잘라내기
-Fence : 선으로 다중선택 (울타리)
-Crossing : 박스로 다중선택 (걸치기)
-Edge : 모서리 옵션 (연장하기/연장하지 않기)
-eRase : 지우기

◆ 연장하기 (EXtend)
-지정된 경계요소로 잘라내기
-Fence : 선으로 다중선택 (울타리)
-Crossing : 박스로 다중선택 (걸치기)
-Edge : 모서리 옵션 (연장하기/연장하지 않기)

◆ 모깎기 (Fillet)
-Radius : 반지름 지정하기
-Trim : 자르기/자르지 않기 설정
-Radius=0 & Trim 모드 : 모서리 직각 자르기

◆ 간격띄우기 (Offset)
-Dist : 간격 띄우기 거리설정
-Through : 위치 지정점 까지 간격 띄우기.

◆ 계산기 (CAL)
-명령 실행중 계산기 사용하기 ('cal)

자르기 (TR), 연장하기 (EX), 간격복사(O), 모깎기(F)

LIMITS : A4 (297,210)-도면크기

자르기 (TR), 연장하기 (EX), 간격복사(O), 모깎기(F)

LIMITS : A4 (297,210)-도면크기

자르기 (TR), 연장하기 (EX), 간격복사(O), 모깎기(F)

LIMITS : A4 (297,210)-도면크기

자르기 (TR), 연장하기 (EX), 간격복사(O), 모깎기(F)

LIMITS : A4 (297,210)-도면크기

자르기 (TR), 연장하기 (EX), 간격복사(O), 모깎기(F)

LIMITS : A4 (297,210)-도면크기

대칭복사 [MIRROR | 단축키 [MI]

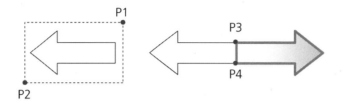

명령: MI [MIRROR]

객체 선택: "P1"선택

반대 구석 지정: "P2"선택 7개를 찾음

객체 선택: 엔터

대칭선의 첫 번째 점 지정: "P3"선택

대칭선의 두 번째 점 지정: "P4"선택

원본 객체를 지우시겠습니까? [예(Y)/아니오(N)] <N>: N

"원본 객체를 지우시겠습니까?" 에서 "N"을 선택하면 원본과 복사본을 같이 표기된다. 그러나 "Y"를 선택하면 원본 객체는 삭제되고 새로운 객체 오른쪽 객체만 표기된다.

대칭명령어는 "P3"와 "P4"의 위치점을 어떠한 위치에서 선택하는 것인가에 따라 복사되는 위지가 변경된다.

결합 [JOIN | 단축키 [J]

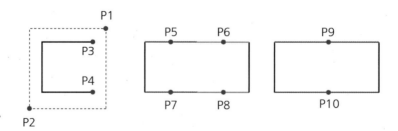

명령: MI [MIRROR]

객체 선택: "P1"선택
반대 구석 지정: "P2"선택 7개를 찾음
객체 선택: 엔터

대칭선의 첫 번째 점 지정: "P3"선택
대칭선의 두 번째 점 지정: "P4"선택
원본 객체를 지우시겠습니까? [예(Y)/아니오(N)] <N>: N

"원복 객체를 지우시겠습니까?"에서 "N"을 선택하면 원복과 복사본을 같이 표기된다.

그림에서 보는 것과 같이 "P5" "P6" 떨어진 개별선

그림에서 보는 것과 같이 "P7" "P8" 떨어진 개별선

명령: J [JOIN]

원본 객체 선택: "P5"선택
원본으로 결합할 선 선택: "P6"선택 1개를 찾음
원본으로 결합할 선 선택: 엔터
1 개의 선이 원본으로 결합됨

우측 그림에서와 같이 선택된 "P5" "P6" 두 개의 선분은 하나의 선분으로 합쳐진다.

주의

결합되는 조건은 선분과 선분이 동일선상에 놓인 상태에서만 결합되므로 주의한다. 겹쳐진 선분도 결합을 통하여 하나의 선분으로 만들 수 있다.
동일선상의 선분 하나가 빨간색이고 나머지 선분이 검은색이라면 사용자가 먼저 선택한 선분의 색상으로 변경되며 합쳐진다.

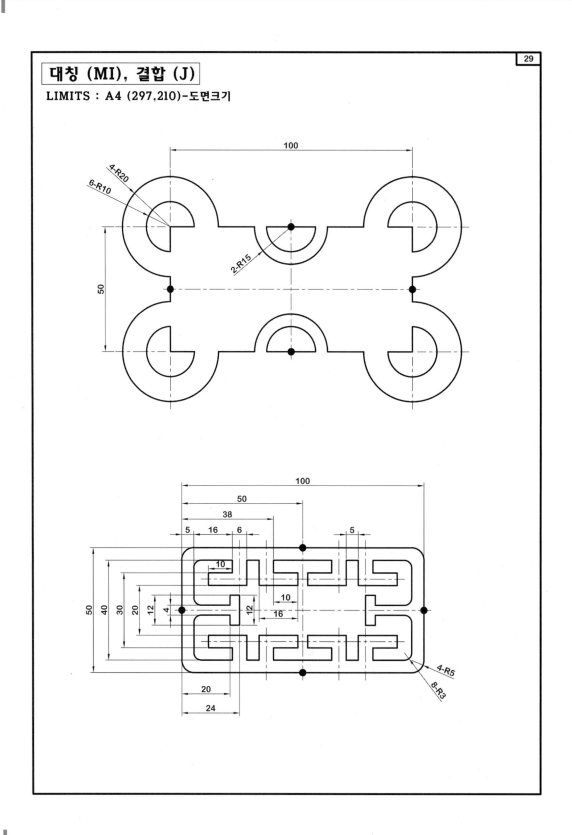

대칭 (MI), 결합 (J)

LIMITS : A4 (297,210)-도면크기

대칭 (MI), 결합 (J)

LIMITS : A4 (297,210)-도면크기

모따기 [CHAMFER | 단축키 [CHA]

명령: CHA CHAMFER

(TRIM 모드) 현재 모따기 거리1 = 0.0000, 거리2 = 0.0000
첫 번째 선 선택 또는 [명령 취소(U)/폴리선(P)/거리(D)/각도(A)/자르기(T)/메서드(E)/다중(M)]: D[거리]
첫 번째 모따기 거리 지정 <0.0000>: 0 [거리 값 입력]
두 번째 모따기 거리 지정 <0.0000>: 0 [거리 값 입력]
첫 번째 선 선택 또는 [명령 취소(U)/폴리선(P)/거리(D)/각도(A)/자르기(T)/메서드(E)/다중(M)]: [P1선택]
두 번째 선 선택 또는 Shift 키를 누른 채 선택하여 구석 적용: [P2선택]

• 결과 : 선택된 두 개의 선분은 모서리가 직각으로 나타나게 된다.

만약 거리 값이 입력된 후에도 "SHIFT" 키를 누른 상태에서 선분을 선택하게 된다면 거리 값이 적용되어 있더라도 직각으로 나타나게 된다.

명령: CHA CHAMFER

(TRIM 모드) 현재 모따기 거리1 = 0.0000, 거리2 = 0.0000
첫 번째 선 선택 또는 [명령 취소(U)/폴리선(P)/거리(D)/각도(A)/자르기(T)/메서드(E)/다중(M)]: D[거리]
첫 번째 모따기 거리 지정 <0.0000>: 30 [거리 값 입력]
두 번째 모따기 거리 지정 <30.0000>: 30 [거리 값 입력]
첫 번째 선 선택 또는 [명령 취소(U)/폴리선(P)/거리(D)/각도(A)/자르기(T)/메서드(E)/다중(M)]: P1선택]
두 번째 선 선택 또는 Shift 키를 누른 채 선택하여 구석 적용: [P2선택]

- 결과 : 선택된 두 개의 선분은 모서리에서 거리＝30이 떨어진 선분의 끝점을 연결하여 대각 선분을 생성하게 된다.

  만약 거리 값이 입력된 후에도 "SHIFT" 키를 누른 상태에서 선분을 선택하게 된다면 거리 값이 적용되더라도 직각으로 나타나게 된다.

> **참고**
>
> 모따기에서 "거리1, 거리2"의 값을 달리 적용하게 된다면, 선분 선택에서 먼저 선택된 선분이 "거리1"의 값이 적용되며, 나중에 선택된 선분이 "거리2"의 값을 적용 받는다. 이로 인해 서로 모서리에서 다른 거리 값을 적용할 수 있다.

모따기(CHA), 대칭 (MI), 결합 (J)

LIMITS : A4 (297,210)-도면크기

◆모따기(CHAmfer)
-거리(D):거리지정 첫번째거리, 두번째거리지정
　　　　동일한 거리를 지정한다면 "C"가 치수 앞에 위치한다.
-각도(A):각도지정
-자르기(T):자르기/자르지 않기
-mEthod : 거리와 각도중 선택
-Multiple : 다중선택

◆대칭복사(MIrror)
- 선택된 객체를 기준점을 기준으로 대칭으로 복사한다
- 원본객체를 지우시겠습니까 ?
　Y : 원복객체를 지우고 반대편에만 생성한다.
　N : 원본객체와 복사본 객체를 남겨둔다.

◆결합(Join)
- 동일선상에 존재한는 나누어진 선분을 하나의 선분으로
　만든다
- 여러개일 선분이 겹쳐진 경우에는 먼저 선택된 선분으로
　합쳐진다.

모따기(CHA), 대칭 (MI), 결합 (J)
LIMITS : A4 (297,210)-도면크기

◆ 모따기(CHAmfer)
-거리(D):거리지정 첫번째거리, 두번째거리지정
　　　　　동일한 거리를 지정한다면 "C"가 치수 앞에 위치한다.
-각도(A):각도지정
-자르기(T):자르기/자르지 않기
-mEthod : 거리와 각도중 선택
-Multiple : 다중선택

◆ 대칭복사(MIrror)
- 선택된 객체를 기준점을 기준으로 대칭으로 복사한다
- 원본객체를 지우시겠습니까 ?
　Y : 원복객체를 지우고 반대편에만 생성한다.
　N : 원본객체와 복사본 객체를 남겨둔다.

◆ 결합(Join)
- 동일선상에 존재하는 나누어진 선분을 하나의 선분으로
　만든다
- 여러개일 선분이 겹쳐진 경우에는 먼저 선택된 선분으로
　합쳐진다.

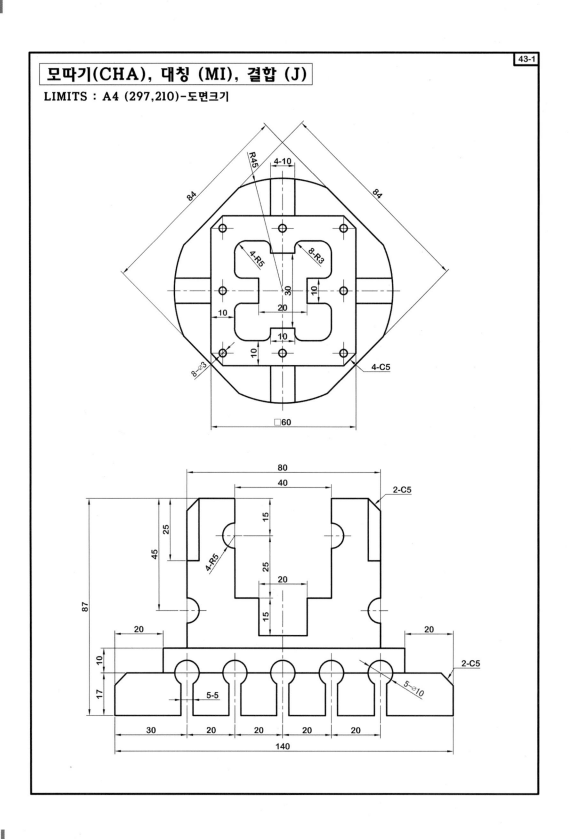

모따기(CHA), 대칭 (MI), 결합 (J)
LIMITS : A4 (297,210)-도면크기

43-1

중간학습

LIMITS : A4 (297,210)-도면크기

중간학습

4-R20
4-R10
50
50
135°
40
70
R32.5
R20
R20
R7.5
10-R7
55
30°
30°
30°
65
30
6
15
130

여러분은 중간학습까지 마쳤습니다.

중간학습 내용을 완벽히 이해하고 작성했다면 캐드의 70%는 마쳤다고 할 수 있습니다.

앞서 설명한 명령어들은 도면 작도에 필수 요소들입니다. 현업에서도 대부분 앞선 도면수준으로 작업이 이루어집니다. 물론 더욱더 복잡한 요소를 작성하는 업체들도 많지만 앞에서 설명한 기초적인 명령어만 정확히 이해한다면은 충분히 기본도면은 작성할 수 있습니다.

기억해두세요. 여러분은 캐드를 배우는 것이 아니라 도면 작도법을 배우는 것입니다. 다만, 캐드의 기초 명령어 활용을 이해해야 하므로 명령어 정도 연습했다고 생각하면 됩니다.

이 교재에서 "닥치고 이건만 해" 라고 한 것은 앞 내용을 충분히 이해하면 최초 취업 시 기초적인 도면은 충분히 작성할 수 있을 것이라 믿기 때문입니다.

이제부터는 조금 세분화된 명령어를 습득하고 도면 작도의 기초 원리가 되는 부분을 조금씩 알아보도록 하겠습니다.

기억해두세요! 열 마디 욕이 아닌 두 마디 욕을 위해서 "닥치고" 공부하도록 합시다.

"CAD" 닥치고 이것만 해!

다각형 [POLYGON | 단축키 [POL]

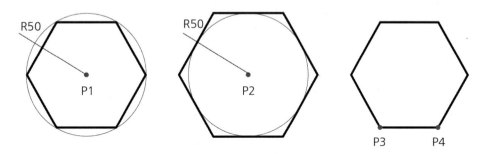

반지름 50인 원을 가상으로 작성한 후 다각형을 작도해보자.

명령: POL POLYGON

면의 수 입력 <4>: 6 [다각형 수]
다각형의 중심을 지정 또는 [모서리(E)]: P1 선택
옵션을 입력 [원에 내접(I)/원에 외접(C)] <I>: I (내접 선택)
원의 반지름 지정: 50 (반지름 값 입력)

반지름 50인 원의 안쪽으로 다각형이 생성된다. (다각형의 꼭지점이 원에 걸치게 된다.)

명령: POL POLYGON

면의 수 입력 <6>: 6 [다각형 수]
다각형의 중심을 지정 또는 [모서리(E)]: P2 선택
옵션을 입력 [원에 내접(I)/원에 외접(C)] <I>: C (외접 선택)
원의 반지름 지정: 50 (반지름 값 입력)

반지름 50인 원의 외각 쪽으로 다각형이 생성된다.(다각형 한 변의 이등분점이 원에 걸치게 된다.)

명령: POL POLYGON

면의 수 입력 <6>: 6 [다각형 수]
다각형의 중심을 지정 또는 [모서리(E)]: E (모서리 선택)
모서리의 첫 번째 끝점 지정: P3 선택
모서리의 두 번째 끝점 지정: @50<0 (P4 지점이 선택됨)

상대극좌표를 이용하여 한 변의 길이를 정의하여 다각형을 작성한다.

타원 [ELLIPSE | 단축키 [EL]

 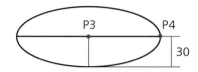

길이 150인 수평선을 2개 작도한다.

명령: EL ELLIPSE
타원의 축 끝점 지정 또는 [호(A)/중심(C)]: P1 선택 축의 다른 끝점 지정: P2 선택 다른 축으로 거리를 지정 또는 [회전(R)]: 30 (축간 거리 입력)

선분의 양 끝점을 선택 후 축간 거리를 입력함으로 지름에 의한 타원이 생성

명령: EL ELLIPSE
타원의 축 끝점 지정 또는 [호(A)/중심(C)]: C (중심 입력) 타원의 중심 지정: MID < - (중간점 선택) P3선택 축의 끝점 지정: P4 선택 다른 축으로 거리를 지정 또는 [회전(R)]: 30 (축간 거리 입력)

선분의 이등분점 중심을 선택 후 끝점을 선택함으로 반지름에 의한 타원이 생성

길이조정 [LENGTHEN | 단축키 [LEN]

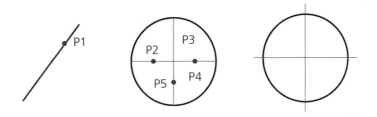

명령: LEN LENGTHEN
객체 선택 또는 [증분(DE)/퍼센트(P)/합계(T)/동적(DY)]: DE (증분 선택)
증분 길이 또는 [각도(A)] 입력 <5.0000>: 10 (증분 길이 값 입력)
변경할 객체 선택 또는 [명령 취소(U)]: "P1, P2, P3, P4, P5" (위치 선택)
변경할 객체 선택 또는 [명령 취소(U)]: 엔터

선택한 선분의 가까운 끝점에서 증분값 10 만큼 늘어난다. 여러 번 선택하면, 선택한 횟수만큼 증분이 된다. 증분값을 −10만큼 준다면 10길이로 줄어들게 된다.

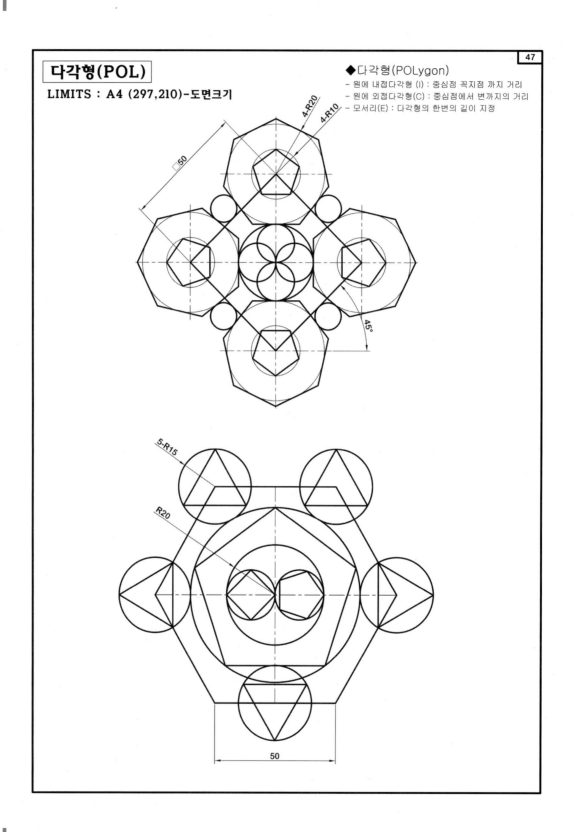

다각형(POL)

LIMITS : A4 (297,210)-도면크기

◆다각형(POLygon)
- 원에 내접다각형 (I) : 중심점 꼭지점 까지 거리
- 원에 외접다각형(C) : 중심점에서 변까지의 거리
- 모서리(E) : 다각형의 한변의 길이 지정

50

4-R20
4-R10

45°

5-R15

R20

50

타원(EL), 다각형(POL), 길이조정(LEN)

LIMITS : A4 (297,210)-도면크기

◆타원(ELlipse)

-중심점 : 중심점과 반지름을 결정한 후 다른축으로 거리를
　　　　　지정 한다
-축, 끝점 : 지름을 결정한 후 다른 축으로 거리 지정
-호 : 호의 타원을 작성한다.
　　　(선택한 위치점에서 반시계방향이 "+")

◆길이조정(LENgthen)

-증분(DE) : 입력된 값 만큼 한번 선택할때 마다 선분을 늘린다.
　　　　　　("+"값은 늘리는 값 "-"값은 줄이는값)
-페센트(P) : 선분의 길이가 얼마인지 모르지만 비율적으로
　　　　　　늘리거나 줄인다.
-합계(T) : 지정된 값으로 선분의 길이를 정확히 조정한다.

타원(EL), 다각형(POL), 길이조정(LEN)

LIMITS : A4 (297,210)-도면크기

타원(EL), 다각형(POL), 길이조정(LEN)

LIMITS : A4 (297,210)-도면크기

균등분할 [DIVIDE | 단축키[DIV]

※ 점 스타일 변경. "ddptype"

명령: DIV DIVIDE [균등분할]
등분할 객체 선택: P1 선택 세그먼트의 개수 또는 [블록(B)] 입력: 6 (분할 수 입력)

선택한 선분이 총 6등분 되는 위치에 점을 생성한다. 점으로 생성되어 일반 선분에 위치하였을 때에는 확인하지 못하므로 임의로 선택을 하면 위치를 확인할 수 있다.

점 스타일 변경 [DDPTYPE]

명령: ddptype [포인트 모양 선택]
모형 재생성 중

대화상자에서 원하는 포인트 스타일을 선택 후 확인을 선택한다. 우측에서 보는 그림처럼 포인트 모양이 변경되어 출력된다.

MEASURE [길이분할 | 단축키 [ME]

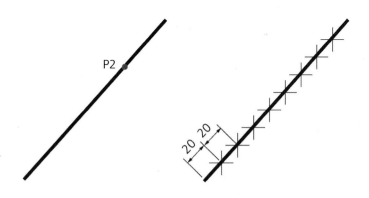

명령: MEASURE [길이분할]
길이분할 객체 선택: P1 선택 세그먼트의 길이 지정 또는 [블록(B)]: 20 [길이 값 입력]

선분의 선택 포인트에서 근접한 끝점에서 거리 = 20 간격으로 포인트들이 생성된다. 생성된 포인트의 위치점을 잡기 위해서는 "Shift+마우스 오른쪽 버튼"을 선택하여 "NODE"를 선택하면 위치 점이 선택된다.

구성선 [XLINE | 단축키[XL]

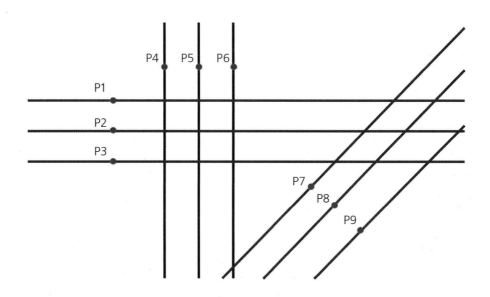

명령: XLINE
점을 지정 또는 [수평(H)/수직(V)/각도(A)/이등분(B)/간격띄우기(O)]: h[수평선택] 통과 점을 지정: "P1"선택 통과 점을 지정: "P2"선택 통과 점을 지정: "P3"선택 통과 점을 지정: 엔터

선택한 위치 점에 수평인 양방향 무한 선이 생성된다.

명령: XLINE
점을 지정 또는 [수평(H)/수직(V)/각도(A)/이등분(B)/간격띄우기(O)]: v[수직선택]
통과 점을 지정: "P4"선택
통과 점을 지정: "P5"선택
통과 점을 지정: "P6"선택
통과 점을 지정: 엔터

선택한 위치 점에 수직인 양방향 무한 선이 생성된다.

명령: XLINE
점을 지정 또는 [수평(H)/수직(V)/각도(A)/이등분(B)/간격띄우기(O)]: a[각도선택]
X선의 각도 입력 (0) 또는 [참조(R)]: 45[각도입력]
통과 점을 지정: "P7"선택
통과 점을 지정: "P8"선택
통과 점을 지정: "P9"선택
통과 점을 지정: 엔터

선택한 위치 점에 45도 각도로 양방향 무한 선이 생성된다.

호 [ARC | 단축키[A]

명령: a ARC

호의 시작점 또는 [중심(C)] 지정: P1 선택

호의 두 번째 점 또는 [중심(C)/끝(E)] 지정: P2 선택

호의 끝점 지정: P3 선택

명령: a ARC

호의 시작점 또는 [중심(C)] 지정: P4 선택

호의 두 번째 점 또는 [중심(C)/끝(E)] 지정: e (반지름 선택)

호의 끝점 지정: P5 선택

호의 중심점 지정 또는 [각도(A)/방향(D)/반지름(R)]: r 호의 반지름 지정: 100 (반지름 값 입력)

호의 옵션은 상당히 많은 편이다.

그러나 실전에 사용하는 명령어는 몇 가지로 한정되어 있다. 보편적으로 가장 많이 사용하는 "3점"
이 있다. 그리고 "시작점, 끝점, 반지름"이 있다.

[TIP] 이 옵션은 호를 작성할 때 반지름이나 지름을 적용할 수 있는 유일한 하위 명령어이다.

호(A)-3점, 시작.끝점.반지름
LIMITS : A4 (297,210)-도면크기

◆호(Arc)
-3점 : 세점을 이용하여 호를 작성
-시작,끝점,각도
-시작,끝점,반지름 : 많이 사용됨 호의 명령에서
　　　　　　　　　　　지름 또는 반지름을 결정

중간학습-1

LIMITS : A4 (297,210)-도면크기

중간학습-1

LIMITS : A4 (297,210)-도면크기

배열복사 [ARRAY | 단축키[AR] / 원형배열복사, 사각배열복사

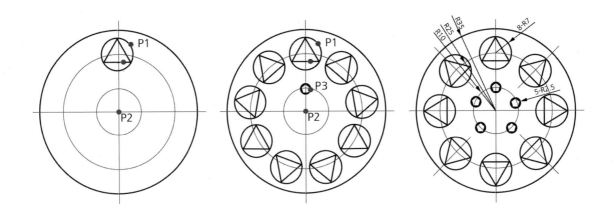

명령: － AR － ARRAY

객체 선택: P1선택 1개를 찾음

객체 선택: P1선택 1개를 찾음, 총 2개

객체 선택: Enter

배열의 유형 입력 [직사각형(R)/원형(P)] <P>: P 원형배열선택

배열의 중심점 지정 또는 [기준(B)]: P2선택 CEN < － 중심점선택

배열에서 항목 수 입력: 9 수량입력

채울 각도 지정 (＋＝시계반대방향, － ＝시계방향) <360>: 360 입력

배열된 객체를 회전하겠습니까? [예(Y)/아니오(N)] <Y>: Y 회전하면서 복사

명령: － AR － ARRAY

객체 선택: P3선택 1개를 찾음

객체 선택: P3선택 1개를 찾음, 총 2개

객체 선택: Enter

배열의 유형 입력 [직사각형(R)/원형(P)] <P>: P 원형배열선택

배열의 중심점 지정 또는 [기준(B)]: P2선택 CEN < － 중심점선택

배열에서 항목 수 입력: 5 수량입력

채울 각도 지정 (＋＝시계반대방향, － ＝시계방향) <360>: 360 입력

배열된 객체를 회전하겠습니까? [예(Y)/아니오(N)] <Y>: N 회전하지 않으면서 복사

Y : 중심을 기준으로 물체를 회전하면서 복사한다.

N : 중심을 기준으로 물체를 일정한 방향으로 복사한다.

사각배열복사

명령: − ar − ARRAY
객체 선택: P1선택 − 1개를 찾음
객체 선택: Enter
배열의 유형 입력 [직사각형(R)/원형(P)] <R>: R (직사각형선택)
행의 수 입력 (− − −) <1>: 5 − 수량입력
열의 수 입력 (∥∥) <1> 7 − 수량입력
행 사이의 거리 입력 또는 단위 셀 지정 (− − −): 10
열 사이의 거리를 지정 (∥∥): 15

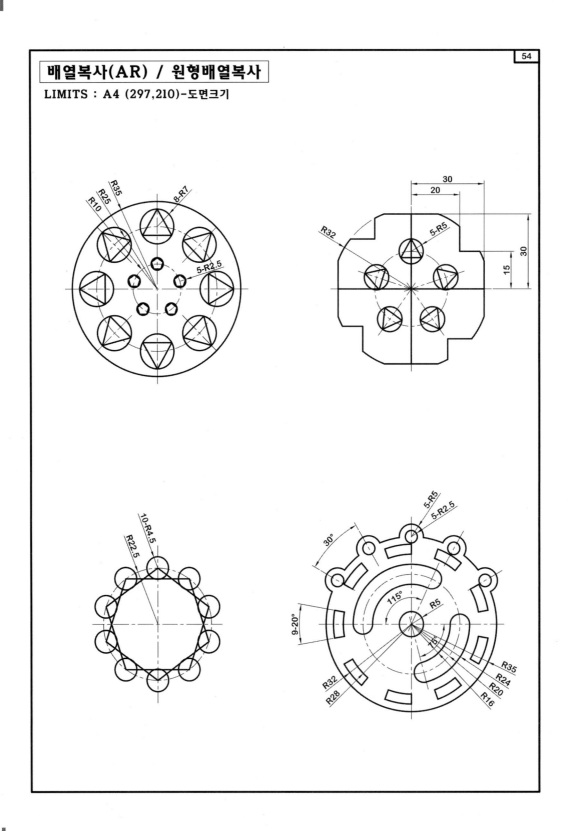

배열복사(AR) / 원형배열복사

LIMITS : A4 (297,210)-도면크기

54

배열복사(AR) / 원형배열복사
LIMITS : A4 (297,210)-도면크기

배열복사(AR) / 사각배열복사

LIMITS : A4 (297,210)-도면크기

치수스타일 편집기 [DIMSTYLE | 단축키[D]

치수를 입력하기 전 치수 유형을 변경하여야 한다.

한국제도규격 ""에서 정의하는 부분으로 동일하게 하여야 한다.

명령: D DIMSTYLE (치수 스타일 선택)

대화창에서 "수정"을 선택한다.

[선 탭]

치수의 색상을 빨간색을 선택한다.

치수보조선 색상을 빨간색을 선택한다.

[기호 및 화살표 탭]

중심표식 : "없음"

[문자 탭]

문자 스타일에서 "⋯"을 선택한다.

• 문자 스타일 대화창이 출력된다.

글꼴에서 "Romans.Shx"을 선택하여 영문 폰트를 결정한다. "큰 글꼴사용"을 체크한다.

• 큰 글꼴 대화창이 활성화 된다. "Whgtxt.Shx를 선택한다.

적용을 선택한다.(기능사 or 산업기사 실기에서 사용되는 유형의 폰트이다.)

문자 색상은 "노란색"으로 변경한다.

[1차 단위 탭]

소수 구분기호에서 "쉼표"를 "마침표"로 변경한다.

국내에서 사용되는 "쉼표"는 백분위 구분으로 정의 되어 있다. 따라서 소수 구분기호는 "마침표"로 변경한다. 확인을 선택한다.

확인을 선택 후 치수스타일 관리자 "닫기"를 선택한다.

스타일을 변경하게 된다면 앞으로 입력되는 치수는 스타일 유형에서 변경된 색상과 유형으로 치수가 입력되게 된다.

DIM [치수 | 아이콘 메뉴]

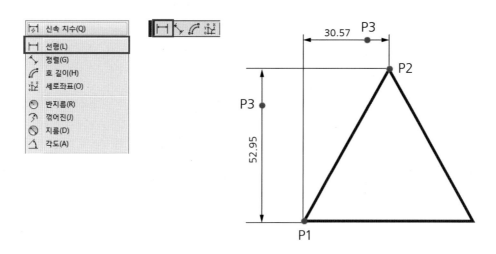

DIM [치수 | 선형 치수]

[선형 치수]

명령:_dimlinear [선형 치수 선택]

첫 번째 치수보조선 원점 지정 또는 <객체 선택>: P1 선택

두 번째 치수보조선 원점 지정: P2 선택

치수선 위치를 지정하거나 [다중문자(M)/문자(T)/각도(A)/수평(H)/수직(V)/회전된(R)]: P3 선택

치수 문자＝38.3

• 선택된 포인트 점을 기준으로 수직으로 마우스를 움직이면 "수평 치수"가 나타난다. 그러나 선택된 포인트 점을 기준으로 수평으로 마우스를 움직이면 "수직 치수"가 나타난다.

DIM [치수 | 정렬 치수]

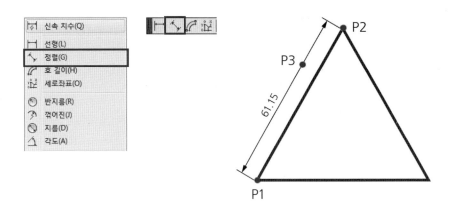

[정렬 치수]

명령: _dimaligned [**정렬 치수 선택**]
첫 번째 치수보조선 원점 지정 또는 <객체 선택>: P1 선택
두 번째 치수보조선 원점 지정: P2 선택
치수선 위치를 지정하거나 [다중선(M)/문자(T)/각도(A)]: P3 선택
치수 문자 = 55.41

• 수평과 수직이 아닌 치수를 입력할 때 사용한다.

• 치수는 절대로 "EXPLODE (분해)"해서는 안 된다.

DIM [치수 | 각도 치수]

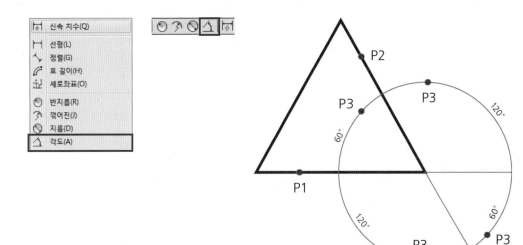

[각도 치수]

명령: _dimangular [**각도 치수** 선택]
호, 원, 선을 선택하거나 <정점 지정>: P1 선택
두 번째 선 선택: P2 선택
치수 호 선 위치를 지정하거나 [다중문자(M)/문자(T)/각도(A)/사분점(Q)]: P3 선택
치수 문자 = 60

• 선택한 2개 선분의 각도를 입력한다.

DIM [치수 | 호의 길이]

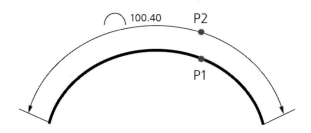

명령: _dimarc [호의 길이 치수 선택]
호 또는 폴리선 호 세그먼트 선택: P1 선택 호 길이 치수 위치를 지정하거나 [다중문자(M)/문자(T)/각도(A)/일부(P)/지시선(L)]: P2 선택 치수 문자 = 105.12

• 선택한 호 둘레의 길이를 나타낸다.

DIM [치수 | 반지름 치수]

[반지름 치수]

명령: DIMRADIUS [반지름 치수 선택]
호 또는 원 선택: P1 선택
치수 문자 = 35
수선 위치를 지정하거나 [다중문자(M)/문자(T)/각도(A)] : P2 선택

• 선택한 원 or 호의 반지름을 나타낸다.

DIM [치수 | 지름 치수]

[지름 치수]

명령: DIMDIAMETER [**지름 치수 선택**]

호 또는 원 선택: P1 선택

치수 문자 = 70

치수선 위치를 지정하거나 [다중문자(M)/문자(T)/각도(A)] : P2 선택

• 선택한 원 or 호의 지름 치수가 나타난다.

DIM [치수 | 꺾기 치수]

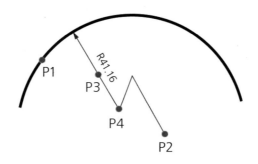

[꺾기 치수 선택]

명령: _dimjogged [**꺾기 치수 선택**]
호 또는 원 선택: P1 선택
중심 위치 재지정 지정: P2 선택 (꺾기 치수의 중심이 되는 위치를 지정함)
치수 문자 = 25.9
치수선 위치를 지정하거나 [다중문자(M)/문자(T)/각도(A)] : P3 선택 (치수가 놓일 위치를 지정함)
꺾기 위치 지정: P4 선택 (꺾이는 모서리 부분의 위치를 선택함)

• 선택한 호에 꺾기 치수가 선택됨 (꺾기 치수를 사용하는 경우는 호의 크기가 매우 크므로 도면상에 서 표현되는 지름 또는 반지름 치수를 표현하기가 힘든 경우에 사용한다.

DIM [치수 | 기준 치수]

[기준 치수]

명령: _dimbaseline [**기준 치수 선택**]

두 번째 치수보조선 원점을 지정하거나 [명령 취소(U)/선택(S)] <선택(S)>: S (기준 치수 기준 선택)

기준 치수 선택: P1 선택

두 번째 치수보조선 원점을 지정하거나 [명령 취소(U)/선택(S)] <선택(S)>: P2 선택

치수 문자 = 60

두 번째 치수보조선 원점을 지정하거나 [명령 취소(U)/선택(S)] <선택(S)>: P3 선택

치수 문자 = 90

두 번째 치수보조선 원점을 지정하거나 [명령 취소(U)/선택(S)] <선택(S)>: P4 선택

치수 문자 = 120

두 번째 치수보조선 원점을 지정하거나 [명령 취소(U)/선택(S)] <선택(S)>: [Enter]

기준 치수 선택: [Enter]

DIM [치수 | 연속 치수]

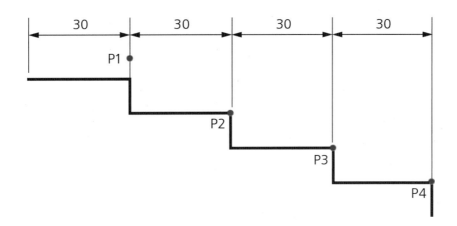

[연속 치수]

> **명령:** _dimcontinue
>
> 두 번째 치수보조선 원점을 지정하거나 [명령 취소(U)/선택(S)] <선택(S)>: s
> 연속된 치수 선택: P1 선택 (연속될 치수의 보조선을 선택한다.)
> 두 번째 치수보조선 원점을 지정하거나 [명령 취소(U)/선택(S)] <선택(S)>: P2 선택
> 치수 문자 = 30
> 두 번째 치수보조선 원점을 지정하거나 [명령 취소(U)/선택(S)] <선택(S)>: P3 선택
> 치수 문자 = 30
> 두 번째 치수보조선 원점을 지정하거나 [명령 취소(U)/선택(S)] <선택(S)>: P4 선택
> 치수 문자 = 30
> 두 번째 치수보조선 원점을 지정하거나 [명령 취소(U)/선택(S)] <선택(S)>: Enter
> 연속된 치수 선택: Enter

[TIP] 연속되는 치수의 보조선이 연속 치수의 출발 치수가 된다.

- 일반적으로는 선형 치수로 입력한다. 연속 치수를 사용하기 위해서는 사용자가 연속 치수를 사용한다는 것을 미리 인지해 둔 상태에서 치수를 입력한다.

DIM [치수 | 치수 간격 주기]

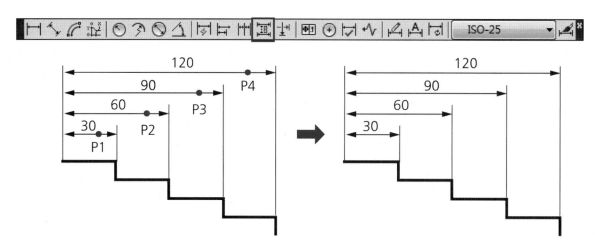

[치수 간격 주기]

명령: _DIMSPACE

기준 치수 선택: P1 선택

간격을 둘 치수 선택: 1개를 찾음 P2 선택

간격을 둘 치수 선택: 1개를 찾음, 2 전체 P3 선택

간격을 둘 치수 선택: 1개를 찾음, 3 전체 P4 선택

간격을 둘 치수 선택: 엔터

값을 입력하거나 [자동(A)] <자동(A)>: 10 (**치수선과 치수선의 간격 입력**)

• 일반적인 선형 치수로 치수를 입력하면 치수와 치수 사이의 간격이 일정하지 않다(위 그림). 따라서 치수와 치수의 간격을 일정하게 배치하는 것이 도면의 가치를 높여 준다. 즉 "치수 간격" 명령을 이용하여 치수와 치수의 간격을 일정하게 배치하는 것이 좋은 작도법이다.

DIM [치수 | 끊기 치수]

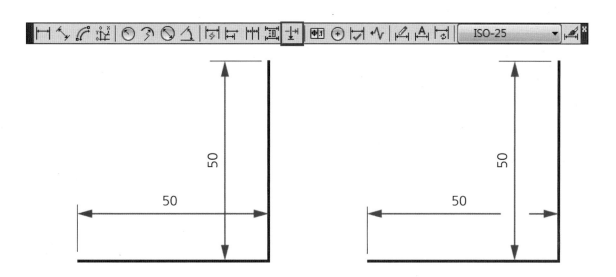

[치수 끊기]

명령: _DIMBREAK

추가/삭제/중단할 치수를 선택하거나 [다중(M)]: P1 선택

치수를 끊을 객체를 선택하거나 [자동(A)/수동(M)/제거(R)] <자동(A)>: P2 선택

치수를 끊을 객체 선택: Enter

1개의 객체 수정됨

• 치수선과 치수선이 서로 교차 시에 사용한다.

• 오른쪽 그림에서 보듯이 끊어진 치수는 세로 치수보다 뒤편에 존재하는 치수인 경우에 표현되는 방식이다. 치수선이 서로 교차할 때에도 사용되지만 뒤쪽에 있는 치수를 표현할 때도 오른쪽 그림과 같이 표현한다.

DIM [치수 | 치수 수정]

[치수 수정]

• 치수 수정은 치수에 마우스 커서를 위치한 다음 더블 클릭하여 수정하거나 또는 문자 편집 명령어
인 "ED" 명령어를 사용하여 편집한다. 편집 방법은 문자를 사용하는 방법과 동일하게 한다.

[TIP] 기존 치수 문자를 변경하는 방법에서도 사용되지만 치수를 강제로 변경하기 위해서도 많이 사
용되는 방법이다.

사용자는 몇몇 특수기호 작성을 꼭 알아준다.

```
%%C = ∅(지름 표기)
%%P = ±(플러스마이너스 표기)
%%D = °(각도의 도 표기)
```

앞에서 언급한 세 개의 표기법은 반드시 알아둔다.

치수 명령어의 모두를 설명하지는 않았지만, 일반적으로 사용되는 치수 명령어는 여기서 설명한 부
분만 정확히 숙지해도 도면상 치수 입력에 문제가 되지 않는다.

DIM [치수 | LEADER 치수]

> **명령**: LEADER
>
> 지시선 시작점 지정: MID ←
> 다음 점 지정: <직교 끄기>
> 다음 점 지정 또는 [주석(A)/형식(F)/명령 취소(U)] <주석(A)>:
> 주석 문자의 첫 번째 행 입력 또는 <옵션>: C5
> 주석 문자의 다음 행 입력: Enter

여러 줄 문자 [MTEXT | 단축키[T]

명령: T MTEXT

현재 문자 스타일: "Standard" 문자 높이: 2.5 주석: 아니오
첫 번째 구석 지정: 임의의 위치 점 지정
반대 구석 지정 또는 [높이(H)/자리맞추기(J)/선 간격두기(L)/회전(R)/스타일(S)/
폭(W)/열(C)]: 임의의 위치 점 지정

- 임의의 두 위치 점을 선택하면 오른쪽의 "T3" 박스가 생성된다.
- 사용자는 생성된 박스에 원하는 글자를 입력한다. 숫자, 영문, 한글 모두 가능하다.
- 또한 "T1"의 문자 정렬위치를 정의할 수 있으며, "T3"를 이용하여 선택된 문자의 크기도 변경할
  수 있다.

여러줄 문자(T)

P1 ●한국산업 기술능력개발원 www.hitc.co.kr 캐드실무능력자격 3D시뮬레이션 실무능력자격 3D프린터 운용기술자격	**P1** 한국산업 기술능력개발원 www.hitc.co.kr 캐드실무능력자격 3D시뮬레이션 실무능력자격 3D프린터 운용기술자격	**P1** 한국산업 기술능력개발원● www.hitc.co.kr 캐드실무능력자격 3D시뮬레이션 실무능력자격 3D프린터 운용기술자격
맨 위 왼쪽	맨 위 중간	맨 위 오른쪽
P1 한국산업 기술능력개발원 www.hitc.co.kr ●캐드실무능력자격 3D시뮬레이션 실무능력자격 3D프린터 운용기술자격	한국산업 기술능력개발원 www.hitc**P1**co.kr 캐드실●능력자격 3D시뮬레이션 실무능력자격 3D프린터 운용기술자격	한국산업 기술능력개발원 www.hitc.co.kr**P1** 캐드실무능력자격● 3D시뮬레이션 실무능력자격 3D프린터 운용기술자격
중간 왼쪽	중간 중심	중간 오른쪽
한국산업 기술능력개발원 www.hitc.co.kr 캐드실무능력자격 3D시뮬레이션 실무능력자격 ●3D프린터 운용기술자격 **P1**	한국산업 기술능력개발원 www.hitc.co.kr 캐드실무능력자격 3D시뮬레이션 실무능력자격 3D프린터 운용기술자격● **P1**	한국산업 기술능력개발원 www.hitc.co.kr 캐드실무능력자격 3D시뮬레이션 실무능력자격 3D프린터 운용기술자격● **P1**
맨 아래 왼쪽	맨 아래 중심	맨 아래 오른쪽

문자수정 [DDEDIT | 단축키[ED]

[각도치수]

명령: ED DDEDIT

주석 객체 선택 또는 [명령 취소(U)]: P1 선택

- 문자를 선택하게 된다면 우측에서와 같이 대화상자가 출력된다. 여기에서 문자를 수정하거나 또
는 추가하면 된다. 수정이 끝나면 "확인" 버튼을 선택하여 수정을 완료한다.

주석 객체 선택 또는 [명령 취소(U)]: 엔터

치수(DIM)-1

완전한 원과 내각 180도가 넘는 호는 지름치수로 표기한다.

도시되고 지시없는 모따기 C1

치수(DIM)-2

완전한 원과 내각 180도가 넘는 호는 지름치수로 표기한다.

치수(DIM)-3

완전한 원과 내각 180도가 넘는 호는 지름치수로 표기한다.

치수(DIM)-5

완전한 원과 내각 180도가 넘는 호는 지름치수로 표기한다.

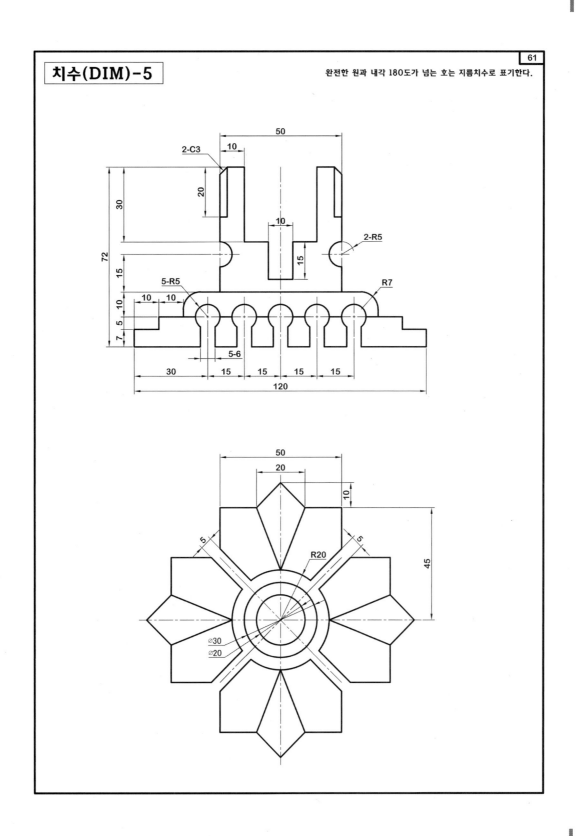

영역 만들기 [REGION | 단축키[REG]

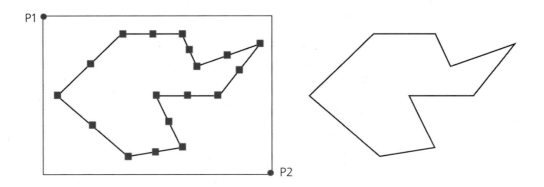

명령: REG REGION
객체 선택: P1 선택
반대 구석 지정: P2 선택 9개를 찾음
객체 선택: 엔터
1 루프가 추출됨(하나의 연결선이 추출됨)
1 영역이 작성됨

• 선택된 선분들이 하나의 선으로 결합된다. 결합된 선분은 하나의 영역으로 설정된다.

• "REGION" 명령어를 사용하기 위해서는 반드시 선분의 양끝 점이 맞물려 있어야 하며, 선분과 선분이 교차되어서는 안된다.

면적 [AREA | 단축키[AA]

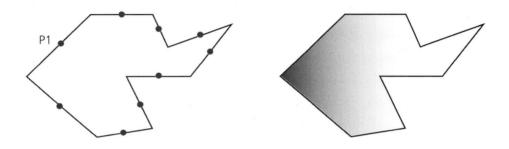

명령: AA AREA

첫 번째 구석점 지정 또는 [객체(O)/면적 추가(A)/면적 빼기(S)] <객체(O)>: O (객체 선택)

객체 선택: P1 선택 (모든 선분 선택)

영역 = 3118.3078, 잘린 영역 = 0.0000 , 둘레 = 305.5116

- 선택한 영역 면적은 = 3118.3078이다.

  선택한 영역 전체 둘레의 길이는 = 305.5116이다.

  앞에서 언급한 면적과 둘레의 단위길이는 "mm" 단위이다.

- 캐드실무능력 자격에서는 작성된 도면의 단면적을 구하는 조건이 있다.

  앞에서 언급한 내용으로 객체의 면적을 구하여 답안에 작성한다.

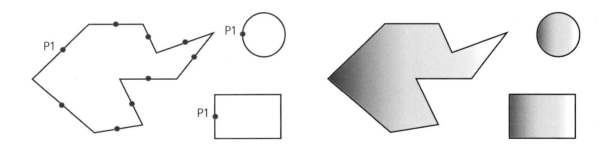

> 명령: AA AREA
>
> 첫 번째 구석점 지정 또는 [객체(O)/면적 추가(A)/면적 빼기(S)] <객체(O)>: A (면적 추가하기 선택)
> 첫 번째 구석점 지정 또는 [객체(O)/면적 빼기(S)]: O (객체 선택)
>
> (추가 모드) 객체 선택: P1 (선택)
> 영역 = 3118.3078, 잘린 영역 = 0.0000, 둘레 = 305.5116 [P1 객체의 면적과 둘레의 길이 출력]
> 전체 면적 = 3118.3078 [P1 객체의 면적]
>
> (추가 모드) 객체 선택: P2 (선택)
> 영역 = 793.4545, 원주 = 99.8541 [P2 객체의 면적과 둘레의 길이 출력]
> 전체 면적 = 3911.7623 [P1 + P2 = 의 합산의 면적 값]
>
> (추가 모드) 객체 선택: P3 (선택)
> 영역 = 1079.2877, 둘레 = 133.8062 [P3 객체의 면적과 둘레의 길이 출력]
> 전체 면적 = 4991.0500 [P1 + P2 + P3] = 의 합산의 면적 값]
>
> (추가 모드) 객체 선택: 엔터
> 영역 = 1079.2877, 둘레 = 133.8062
> 전체 면적 = 4991.0500
> 첫 번째 구석점 지정 또는 [객체(O)/면적 빼기(S)]: 엔터
>
> 전체 면적 = 4991.0500 [P1 + P2 + P3] = 의 합산의 면적 값]

분해 [EXPLODE | 단축키[X]]

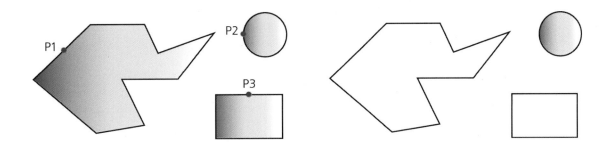

[각도치수]

명령: X EXPLODE
객체 선택: 1개를 찾음, (P1 선택) 객체 선택: 1개를 찾음, (P2 선택) 총 2개 객체 선택: 1개를 찾음, (P3 선택) 총 2개 1개를 분해할 수 없다.

- P1, P2는 다수의 선분들이 모여진 집합체이다. 집합체인 경우는 "분해" 명령이 적용된다. 그러나 원인 경우는 하나의 단일 객체로 생성된 완전 객체이므로 "분해" 명령이 적용되지 않는다. 즉 연속선(polyline)을 개별적인 객체로 분해한다.

무늬 [HATCH | 단축키[H]

명령: h HATCH

내부점 선택 또는 [객체 선택(S)/경계 제거(B)]: P1 선택

모든 것 선택…

가시적인 모든 것 선택 중…

선택된 데이터 분석 중…

내부 고립영역 분석 중…

내부점 선택 또는 [객체 선택(S)/경계 제거(B)]:

- P1, P2를 선택하여 사용자가 입력할 무늬를 선택한다.
- P3 "추가점 선택" 아이콘을 선택 후 "T1" 위치점을 선택한다.
- P4 "미리보기"를 선택 후 선택된 영역에 무늬가 들어가는 위치를 확인한다.
- 미리보기를 확인 후 무늬의 크기와 무늬의 방향을 확인한다. 만약 방향과 크기가 사용자가 원하는 형식으로 선택되지 않았다면 "P5" 위치의 각도와 스케일을 변경하여 사용자가 원하는 방향과 크기를 결정한다.
- 변경 후는 반드시 "미리보기"를 선택하여 확인한다.
- 사용자가 선택한 영역에서 어떠한 형식으로 도형에 무늬를 적용할지 "P6" 부분의 고립영역을 선택하여 결정한다.
- 모든 설정이 되었으면 "P7"의 옵션/연관을 체크한다. (이 기능은 여러 영역에 무늬를 적용하여, 영역을 움직이거나 이동할 때, 무늬는 자동으로 변경된 영역 부분을 재계산하여 변경된 영역으로 무늬를 적용한다.)
- 모든 설정이 완료된 후에는 "P8"의 확인을 선택하여 무늬 넣기를 완료한다.

[TIP] 해칭은 캐드실무능력자격 2급에서 단면을 표시할 때 반드시 사용되는 명령이다.

무늬 편집명령어 [단축키[HE]]

명령: he HATCHEDIT

해치 객체 선택 : "작성된 해치를 선택한다."
- 무늬대화상자가 출력되며 대화상자를 통하여 해치를 사용자가 원하는 상태로 변경한다.

해칭(H) / 해칭편집(HE)

해칭 (Hatch) – 단축키 [H]
폐곡된 위치에 사용자가 원하는 패턴 무늬를 작성한다.
해칭편집(Hatch Edit) – 단축키 [HE]
.작성된 무늬를 편집한다.

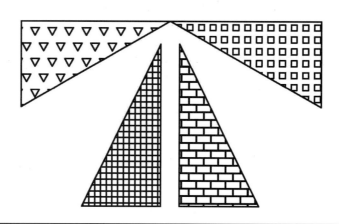

선분 종류 가져오기 [LINETYPE | 단축키[LT]

[선분 종류 불러오기]

명령: LT LINETYPE

선 종류 관리자 대화상자가 출력된다. 우측 상단의 "로드"를 선택한다. "선 종류 로드 또는 다시 로드" 대화창이 출력된다.(출력된 대화창에서 마우스 오른쪽 버튼을 선택한다.)

"모두 선택"을 선택 후 확인을 선택한다. 아래의 그림처럼 실선만 존재하던 대화창에서 캐드 상에 제공되는 모든 선분이 불러오기 된 것을 확인할 수 있다.

• 캐드는 초기 실행 시에는 선분 종류가 실선 하나로 고정되어 있다. 사용자가 여러 선분을 캐드 도면에 적용하기 위해서는 숨겨진 선분들을 불러와야만 캐드에서 선분 종류를 사용할 수 있다.

[TIP] 선분을 사용하기 위해서는 선분을 불러와야 한다.

특성 변경 [PROPERTIES | 단축키[CTRL+1]

특성 대화창을 이용하여 선분의 색상, 선분 종류, 도면층 등 여러 가지의 특성 부분을 변경할 수 있다. 지금부터 선분의 색상과 선분의 종류를 변경하도록 한다.

• 풀다운 메뉴 / 수정 / 특성을 선택한다.

수정/특성 또는 "Ctrl+1"을 선택하면 위 화면에 [특성] 대화창이 나타난다. 이러한 특성 대화창을 이용하여 변경해도 되지만, 현업 대부분에서는 특성 아이콘을 이용하여 객체의 특성을 변경한다. 또 다른 특성아이콘 대화창을 불러온다.

사용자는 마우스 포인터를 화면상에 있는 아이콘에 커서를 놓고 마우스 오른쪽 버튼을 선택한다. 팝업창, 아래쪽 하단에 "특성"을 체크한다. 만약 특성이 체크되어 있다면 특성 아이콘들이 화면에 출력된 상태이다. 또한 체크되지 않은 것을 체크하면, 위쪽 그림에서와 같이 아이콘이 출력된다.

T1   T2   T3

- T1 : 선택한 선분의 색상을 변경하는 창이다.
- T2 : 선택한 선분의 선분 유형을 변경하는 창이다. (이 기능을 사용하기 위해서는 반드시 "선분 종류"를 로드한 상태에서 가능하다.
- T3 : 선택한 선분의 선분가중치를 결정한다. (가중치가 부여되면 도면을 "출력"할 때 선택한 가중치 값으로 선분이 출력된다. 이 기능은 출력될 때 선분의 두께를 적용하는 기능이다.)

선분 색상 / 선분 종류 / 선분 가중치 변경하기

사용자는 명령어를 선택하지 않은 상태에서 선분을 선택한다. 선택된 선분은 왼쪽 그림에서와 같이 변경된다.

특성 대화창으로 마우스를 이동하여 색상 변경 탭을 선택한다. 사용자가 원하는 색상(빨간색)을 선택한다.

[결과] 선택된 선분은 "빨간색"으로 변경된다.

사용자는 명령어를 선택하지 않은 상태에서 선분을 선택한다. 선택된 선분은 왼쪽 그림에서와 같이

변경된다. 특성 대화창으로 마우스를 이동하여 선분유형 변경 탭을 선택한다.(CENTER 선택)

특성 대화창에서 마우스를 이동하여 선분 가중치를 선택한다.(0.40mm 선택)

[결과] 선택된 선분은 "Center" 선분과 가중치가 변경된다.

현 화면에서는 실선이 중심선으로 변경되는 것을 볼 수 있다. 그러나 선분 가중치 값은 볼 수 없다.

선분 가중치 값을 보려면 화면으로 나타내는 명령어를 적용하여야 한다.

선분 가중치 변경 [LWEIGHT | 단축키[LW]

[선분 가중치 변경]

- 풀 다운 메뉴 / 형식 / 선 가중치를 선택한다. 오른쪽 대화상자가 출력된다. 선 가중치 표시를 체크한
  다. 기본값을 사용자가 원하는 값으로 선택하고 확인을 선택한다.

[결과] 캐드 화면상에 선분의 폭이 넓은 형태로 변경된다. 만약 화면상에 선분의 폭이 계속 출력되어

도면을 인지하는 데 문제가 발생한다면, "선 가중치 표시"를 체크 오프 하게 된다면 선분의 폭은 하면

상에 모두 동일한 상태의 가는 선으로 표기된다. 그러나 가는 선으로 표기된다고 하여 출력될 때 선분

이 가는 실선으로 출력되는 것은 아니다. 출력 시에는 사용자가 정의한 가중치로 출력된다. [중요!!]

선분 유형 축척 조정 [LTSCALE | 단축키[LTS]

[명령행을 이용한 전체 선분 축척 조정]

명령: LTS (LTSCALE)
새로운 선 종류 축척 비율을 입력: <1.0000>: 3 모형 재생성 중

[결과] 명령행을 이용한 선분 축척 명령어는 캐드 화면상에 존재하는 모든 선분의 종류를 한 번에 적용하는 기능의 명령어이다.

[대화창을 이용한 개별 선분의 선분 축척 조정]

- 대화창을 이용한 선분 축척은 선택된 객체만 선분 축척이 적용된다. 사용자는 선분 축척을 변경하고 자 하는 객체를 선택한다. 대화창에서 "선 종류 축척" 공간에 변경하려는 값을 입력한 후 엔터를 한다.
- 선택된 객체는 사용자가 입력한 값으로 선분의 축척이 변경됨을 화면상으로 확인할 수 있다.

[TIP] 명령행을 이용한 선분 축척 명령은 캐드 도면상에 존재하는 모든 선분의 축척을 변경하는 것이다. 그러나 사용자는 필요에 따라 특정한 선분의 간격을 적용할 필요가 있다. 이 경우에 대화창을 이용하여 선분의 축척을 조정한다면 선택된 객체만 선분 축척이 적용된다.

특성 일치 [MATCH PROPERTIES | 단축키[MA]

P1   P2

명령: MA MATCHPROP

원본 객체 선택: P1 선택 (마우스 왼쪽 버튼)

현재 활성 설정: P2 선택 (마우스 왼쪽 버튼)

색상 도면층 선 종류, 선 축척, 선 가중치 두께, 플롯 스타일, 치수 문자, 해치, 폴리선 뷰포트 테이블 재질 그림자 표시 다중 지시선

목표 객체를 선택하거나 [설정(S)]: 엔터

목표 객체를 선택하거나 [설정(S)]: 엔터

[결과] 특성 일치 명령어는 최초에 선택된 선분의 속성을 기준으로 하여 후에 선택된 선분이 최초 선택된 선분의 특성과 같은 형식으로 변경하여 준다.

현업에서는 많이 사용되는 명령어이다, 교육생 여러분들은 반드시 숙지하도록 한다.

[결과] 설정을 선택하면, 오른쪽 그림과 같이 대화상자가 출력된다. 대화상자에서 나타난 값들은 모두 변경된다. 만약 특정한 부분을 체크 오프하면, 특성 변경을 적용하더라도 체크 오프 된 특성은 변경되지 않으며, 객체의 특성을 그대로 유지한다.

꼭!! 필요한 상황에서만 설정을 제어한다.

도면층 [LAYER | 단축키[LA]

도면층은 복잡한 설계에서 같은 종류별, 유형별로 분리를 하는 것을 말한다. 예를 들면 아파트를 생각해 보자.

아파트가 완성되기 위해선 상당히 많은 도면이 필요하다. 우선 복잡한 철근도면, 전기 배선도면, 배관도면, 창과 문 등등 이러한 도면을 한 장에 포함하고 있다. 도면을 보고 판독하기란 매우 어려운 실정이다.

만약 배관공이 배관도면만 보고 싶다고 가정해보자. 배관공이 보는 도면은 모든 것이 포함되어 있어서 도면을 보기가 매우 어려울 것이다. 이러한 문제를 해결하기 위해 도면을 같은 종류, 같은 유형으로 분리한다. 이런 분리를 가능하게 하는 명령이 바로 "도면층(LAYER)"이다. 한 장의 도면이지만 도면에 새로운 층이 되는 여러 장의 도면을 만든다. 투명한 셀로판지에 종류별로 각각 도면을 작성하여, 각각 작성된 도면을 모두 겹쳐 보이게 하는 것이다. 각각의 셀로판지에 도면을 작성하는 것이 또한 "도면층(LAYER)"이다.

도면층	색상	가중치	기타
외형선	Green	0.25	
중심선	Red	0.05	center
숨은선	Yellow	0.2	hidden
치수선	Red	0.05	치수문자는 Yellow, 높이 2.5
문자	Yellow	0.2	높이 2.5
해칭선	Blue	0.05	
경계선	White	0.4	
표제란	Red	0.2	
단면선	Green	0.25	phantom
단면문자	Yellow	0.2	높이 3.5

도면층 [LAYER | 단축키[LA] - 2

[현재 도면층]

사용자는 숨은선을 선택 후 "V" 체크 표시를 선택한다.

[결과] 체크 표시가 "0"에서 "숨은선"에 위치하게 된다. 이러한 작업은 앞으로 작업되는 모든 객체는 "색상 : 노란색" "선분 종류 : HIDDEN" "가중치: 0,05mm"로 도면상에 작성된다.

- 만약 현재 도면층을 설정하지 않은 상태에서 작업이 이뤄졌다면 도면층 아이콘을 이용하여 도면층을 변경할 수 있다.
- 명령어를 선택하지 않은 상태에서 원을 선택한다. 도면층 아이콘에서 "숨은선"을 선택한다. "ESC"키를 선택한다.

[결과] 선택한 원은 "숨은선" 도면층의 설정값과 동일한 상태로 변경된다.

사용자는 작업 후 변경하여도 무방하지만 가능하면, "현재 도면층"을 변경 후 작업할 것을 권장한다.

[동결]
- "동결(태양 아이콘)"은 현재의 도면 화면 상태에서 숨겨주고, 제어불능 상태로 설정된다.
- "오프(백열전등 아이콘)"을 사용하여도 된다. 그러나 "오프" 아이콘은 삭제 명령 시에 숨겨진 객체들이 지워질 수 있다. 가능하면 "동결"아이콘을 사용하도록 한다.
- 외형선 레이어를 선택한다. 동결 아이콘을 선택하여 "동결"한다. 확인을 선택한다.

[결과] 그림과 같이 외형선이 화면상에서 사라지는 것을 볼 수 있다. 화면에서 사라졌지만 완전히 삭제된 것이 아니다. 다시 외형선 도면층을 선택 후 "동결" 해제를 하면 외형선 도면층은 화면에 나타나게 된다. 불필요한 도면층 레이어를 "동결"하여 화면을 간략하게 만들어 사용자의 작업 효율을 높이는 작업을 할 수 있다.

출력 [PLOT | 단축키[CTRL+P]

[출력]

命令: _plot (대화창 출력)

T1 : "프린터/플로터" − 이 영역은 사용자가 프린터기를 선택하는 영역이다. 사용자 컴퓨터에 프린터기가 연결되어 있다면, 이 창에 나타난다. "캐드실무능력자격"에서는 그림에 나타나듯이 "DWG To PDF.pc3"를 선택한다. 선택의 의미는 도면 출력을 "PDF"로 출력하는 것이다. 이는 캐드 도면을 볼 때 캐드 프로그램을 보유한 업체에서는 캐드 파일을 볼 수 있지만 캐드 프로그램을 보유하지 않은 업체에서는 캐드 파일을 볼 수 없기 때문이다. 그러나 "PDF" 파일은 "PDF" 뷰어가 무료이기 때문에 모든 업체에서 볼 수 있다.

T2 : "용지 크기" − 사용자가 작성한 도면의 출력 size를 결정한다. 사용자가 만약 A3의 크기로 출력을 원한다면 "ISO full bleed A3(420x297)"를 선택한다. 만약 "A2, A1, A4"의 용지로 출력을 원한다면 "용지 크기" 설정 창에서 원하는 용지 크기를 선택한다.

T3 : "플롯 영역" − 사용자가 작성된 설계도에서 출력을 하고자 하는 영역을 선택하는 탭 이다.
"플롯 대상 / 윈도우"를 선택한다. 선택 후에는 캐드 화면으로 이동된다. 여기에서 첫 포인트는 "P1", 두 번째 포인트는 "P2"를 선택하는 것이다. 이로써 출력하고자 하는 영역이 선택된다.

T4 : "플롯 간격"에서 "플롯의 중심"을 체크한다. 플롯 대화상자 중심에 있는 용지 "미리보기" 영역에서 출력 영역이 중앙에 정렬되는 것을 확인할 수 있다.

T5 : "플롯 축척" − 용지에 맞춤이 체크되어 있다. 용지에 맞춤이 체크된 경우는 출력되는 용지 크기에 축척비율과 상관없이 자동으로 꽉 채워진 상태로 출력된다. 이 경우 용지 비율은 "Non-Scale"이 된다. 정확한 축척으로 출력하기 위해서는 체크를 "오프"한다.

T6 : "축척"은 "1:1"로 설정한다. "1:1"이라는 비율은 실제 출력 후 캐드에서 입력된 치수와 용지에 출력된 치수가 동일한 크기이다. 만약 "1:100"을 선택한다면, 캐드에서 작성된 설계도면이 용지에 출력될 때 실제 크기의 1/100로 축소되어서 출력된다는 의미이다.

T7 : "도면 방향" − 도면 방향은 캐드 도면을 용지에 출력할 때 가로 또는 세로 방향으로 출력을 결정하는 부분이다. 세로 방향은 현업에서 많이 사용하지 않는 방향이다(세로 방향은 KS 제도 규격상 "A4"에서만 사용된다.). 일반적인 출력 방향인 "가로 방향"을 선택한다.

T8 : "플롯 스타일 테이블" − 플롯 스타일 테이블은 캐드 도면을 출력할 때, 출력 유형을 결정짓는 탭이다. 기본을 선택 후 출력한다면 캐드 도면은 칼라로 출력된다. 캐드 도면 출력은 특별한 경우를 제외하고 칼라 출력을 권장하지 않는다. 이러한 이유로 "monochrome.ctb(흑백)"으로 출력한다.

T9 : 앞의 선행 조건들이 사용자가 원하는 조건으로 선택되었다면 "미리보기"를 선택하여 최종적으로 어떻게 출력되는지를 확인한다.

T10 : "미리보기"를 통해 원하는 방향으로 적용되었다면, "확인"을 선택하여 출력한다. [프린터 종류에서 컴퓨터와 연결된 프린터를 사용하였다면 용지로 인쇄된다. 그러나 "PDF"로 선택되었다면 캐드는 "PDF" 파일의 저장 위치를 묻는다. 사용자는 저장할 위치를 선택하여 저장하면 된다.]

• 캐드실무능력자격에서는 "PDF" 파일로 저장하여 파일을 제출하여야 한다.

중간평가-1

중간평가-2

중간평가-3

64

중간평가-4

중간평가-5

중간평가-6

중간평가-8

중간평가-9

중간평가-10

중간평가-11

72

중간평가-12

중간평가-13

74

중간평가-14

중간평가-15

76

중간평가-16

중간평가-17

삼각법-1 : 우측도면을 작성할때 45°선(대각선)을 작성하여 수평과 수직으로 작성한다.

45°

10

10

30

20

20

20

60

10

20

60

www.hitc.co.kr → 교육 및 정보 → 출판교재 자료실 → 삼각법 3D PDF 참고할 것

삼각법-2 : 우측도면을 작성할때 45°선(대각선)을 작성하여 수평과 수직으로 작성한다.

45°

09

60

20

20

20

10

45.11

10

10

20

10

삼각법-3 : 우측도면을 작성할때 45°선(대각선)을 작성하여 수평과 수직으로 작성한다.

www.hitc.co.kr → 교육 및 정보 → 출판교재 자료실 → 삼각법 3D PDF 참고할 것

삼각법-4 : 우측도면을 작성할때 45°선(대각선)을 작성하여 수평과 수직으로 작성한다.

삼각법-5

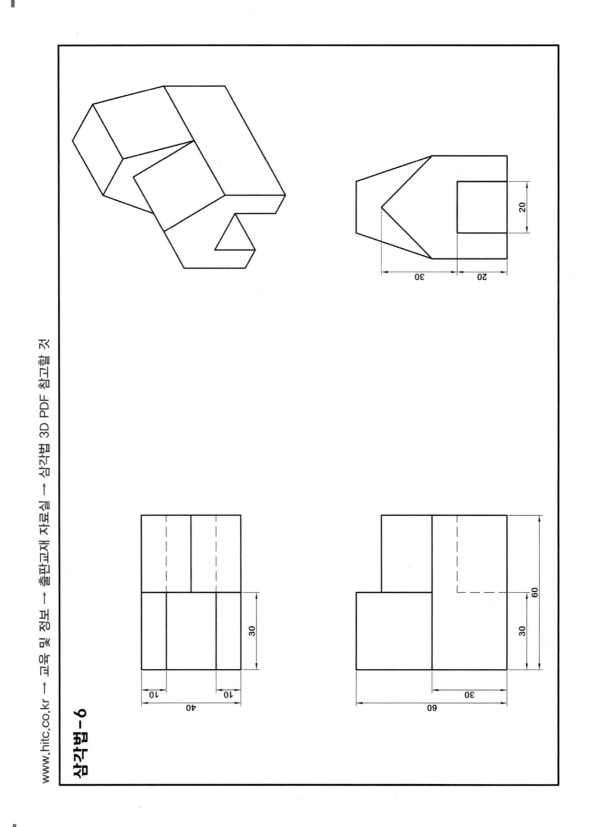

www.hitc.co.kr → 교육 및 정보 → 출판교재 자료실 → 삼각법 3D PDF 참고할 것

삼각법-6

삼각법-7

www.hitc.co.kr → 교육 및 정보 → 출판교재 자료실 → 삼각법 3D PDF 참고할 것

삼각법-8

삼각법-9

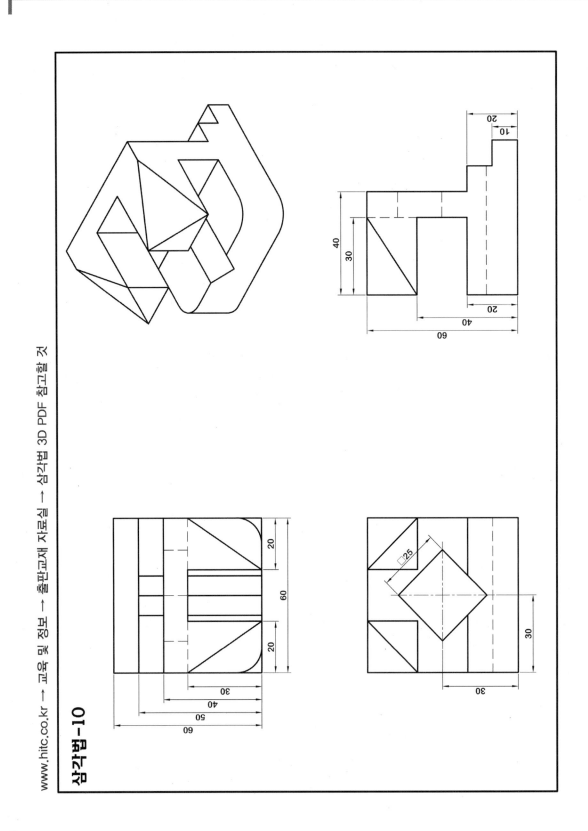

www.hitc.co.kr → 교육 및 정보 → 출판교재 자료실 → 삼각법 3D PDF 참고할 것

삼각법-10

www.hitc.co.kr → 교육 및 정보 → 출판교재 자료실 → 삼각법 3D PDF 참고할 것

삼각법-11

www.hitc.co.kr → 교육 및 정보 → 출판교재 자료실 → 삼각법 3D PDF 참고할 것

삼각법-12

상세뷰 -A

www.hitc.co.kr → 교육 및 정보 → 출판교재 자료실 → 삼각법 3D PDF 참고할 것

삼각법 -13

www.hitc.co.kr → 교육 및 정보 → 출판교재 자료실 → 삼각법 3D PDF 참고할 것

삼각법-14

www.hitc.co.kr → 교육 및 정보 → 출판교재 자료실 → 삼각법 3D PDF 참고할 것

삼각법-15

www.hitc.co.kr → 교육 및 정보 → 출판교재 자료실 → 삼각법 3D PDF 참고할 것

삼각법-16

삼각법-17

www.hitc.co.kr → 교육 및 정보 → 출판교재 자료실 → 삼각법 3D PDF 참고할 것

삼각법-18

삼각법-19

www.hitc.co.kr → 교육 및 정보 → 출판교재 자료실 → 삼각법 3D PDF 참고할 것

삼각법-20

삼각법-21

www.hitc.co.kr → 교육 및 정보 → 출판교재 자료실 → 삼각법 3D PDF 참고할 것

삼각법-22

삼각법-23

www.hitc.co.kr → 교육 및 정보 → 출판교재 자료실 → 삼각법 3D PDF 참고할 것

삼각법-24

삼각법-25

www.hitc.co.kr → 교육 및 정보 → 출판교재 자료실 → 삼각법 3D PDF 참고할 것

삼각법-26

삼각법-27

삼각법-28

삼각법-29

www.hitc.co.kr → 교육 및 정보 → 출판교재 자료실 → 삼각법 3D PDF 참고할 것

삼각법-30

PART 03

연습문제

01 | 3D 모델링

3차원 모델링은 캐드로 작업된 2차원 도면을 3차원으로 변환하는 방법이다. 예전이 방식에서는 완벽히 작성된 2차원 도면을 이용하여 3차원으로 변경하였다. 그러나 소프트웨어의 발달로 기존의 방식을 벗어난 방식으로 2차원 도면을 생성하는 것이 아니라 3차원 모델링을 우선적으로 작성한 후 3차원 모델링 도면에서 2D도면을 자동적으로 생성하는 방식을 현업에서 많이 사용하고 있다. 초보자들은 2차원 도면을 이해하고 3차원 형상을 만드는 형식으로 도면 이해에 대한 많은 어려움을 가지고 있었다.

현 시점에서는 3차원 형상을 우선적으로 모델링을 2차원 도면을 자동으로 생성하는 방식이 도면 작성의 시간을 많이 단축시켜 준다.

이 방식의 이점은 3차원 형상을 먼저 이해하고 2차원 도면을 얻는 방식이다. 캐드를 처음 접하는 사용자라면 도면을 이해하는 것이 무척이나 난해 할 것으로 생각된다. 그러나 3차원 형상을 우선적으로 이해하고 도면을 작업한다면, 초기 도면의 이해의 많은 시간을 단축시킬 수 있을 것이다. 필자가 앞에서도 언급 하였듯이 최소한의 명령어를 이용하여 도면작성법을 익힐 것이다.

3차원 모델링을 작성하기 위해서는 크게 2가지 요소로 분리된다. 첫 번째는 캐드작업공간의 좌표계를 변경하는 "UCS:사용자 좌표계"와 모델링 명령어이다.

사용자가 "UCS"를 이해한다면 3차원 모델링 능력의 70%를 완성했다고 생각하면 될 것이다. 나머지 30%는 명령어를 이용하는 것이기 때문에 많은 어려움은 없을 것이라 생각된다.

기억하세요, 캐드를 배우는 것이 아니라 도면의 이해와 설계 기초를 배운다고 생각한다면 조금 더 캐드에 접근하는 것이 쉬울 것이라 생각한다.

1. 3차원 도면환경으로 전환

캐드화면 우측하단의 "작업공간 전환"을 선택 "3D 모델링"을 선택하여 캐드 화면의 인터페이스를 변경한다.

변경된 캐드인터페이스 명령어 화면

3차원 작업을 위한 가장 기본이 되는 화면 구성이다.

왼쪽부터 설명한다.

(1) 뷰 : 현재의 화면의 방향을 변경한다.

모든 뷰의 기본은 [평면도]가 기본 뷰이다.

-평면도 : 제품을 위쪽에서 바라보는 방향

-저면도 : 제품을 아래쪽에서 위쪽으로 보는 방향

-좌측면도 : 제품을 좌측방향에서 바라보는 방향

-우측면도 : 제품을 우측방향에서 바라보는 방향

-정면도 : 제품을 정면 방향에서 바라보는 방향

-배면도 : 제품을 뒤편에서 바라보는 방향

-등각 뷰 : 남동 등각투영 : 바라보는 시점이 남동쪽 위쪽 위치에서 아래로 내려다보는 방향.

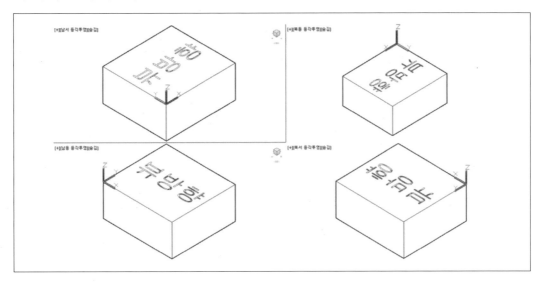

모든 뷰의 기본은 "X,Y" 평면을 방향을 기준으로 하여, 각 동서남북 방향을 기준으로 하여 보는 방향을 등각뷰라 한다.

(2) 좌표 : 현재의 "X,Y" 방향의 좌표를 사용자가 작업하고자 하는 공간좌표로 변경을 한다.

가장 대표적인 좌표 변경명령어는 "Z"축 벡터와 "3점"을 사용하여 새 사용자 좌표계를 설정하는 방법이다.

(3) 비주얼 스타일 : 작성된 모델링을 음영처리, 숨은선 가리기, 실재화면 같은 방법으로 캐드 화면에 출력한다.(간단한 색상을 입혀서 화면상으로 보여준다)

(4) 모형 뷰포트 : 사용자의 화면을 여러 개로 나누어서 화면을 보여준다.

(5) 좌표 (사용자 좌표계의 이해)

도면을 작성하는 설계자가 현재의 평면[X,Y]이 아닌 새로운 평면[X,Z] 또는 [Y,Z]방향에
도면을 그리고자 한다면, 현재의 평면 상태에서는 작업이 불가능하다.
그러나 "UCS" 명령을 통한 새로운 좌표를 평면으로 설정이 가능하다.

① UCS / 3POINT

명령: UCS

현재 UCS 이름: *표준*
UCS의 원점 지정 또는 [면(F)/이름(NA)/객체(OB)/이전(P)/뷰(V)/표준(W)/X(X)/Y(Y)/Z(Z)/ Z축
(ZA)] <표준>: P1 선택
X축에서 점 지정 또는 <수락(A)>: P2 선택
XY 평면에서 점 지정 또는 <수락(A)>: P3 선택

• P1의 위치를 원점 설정한다. / P2의 위치점 방향을 "X"축으로 설정한다. / P3 위치점 선택 [Y축
방향]을 선택함으로 평면이 설정된다.

• 위 그림 우측그림이 새로 설정된 좌표 평면 방향이다.[정면도]
이러한 방법으로 새로운 좌표평면을 설정하여 작업을 한다.

② UCS / ZA

현재 UCS 이름: *이름 없음*

UCS의 원점 지정 또는 [면(F)/이름(NA)/객체(OB)/이전(P)/뷰(V)/표준(W)/X(X)/Y(Y)/Z(Z)/Z축(ZA)] <표준>: ZA

새 원점 지정 또는 [객체(O)] <0,0,0>: P1 선택

Z-축 양의 구간에 있는 점 지정 <0.0000,0.0000,-512.1713>: P2 선택

위 그림 우측그림이 새로 설정된 좌표 평면 방향이다.

** UCS/ZA 명령을 사용할 때는 반드시 "F8" 직교모드를 사용하면 "Z"축을 설정하는 데 편리하다.

(3) 비주얼 스타일

3차원으로 작성된 모델링은 실선(와이어프레임)으로 나타나게 된다.

3차원 공간상에서 "등각 뷰"로 바라보게 된다면 매우 복잡한 선분으로 화면상에 표현된다.

이러한 문제를 해결하기 위해서 "와이어 프레임"이 아닌 "음영처리"와 "숨은선"을 제거하는 방식으로 화면상에 표현함으로 사용자의 작업 효율성을 높이는 화면을 제공하게 된다.

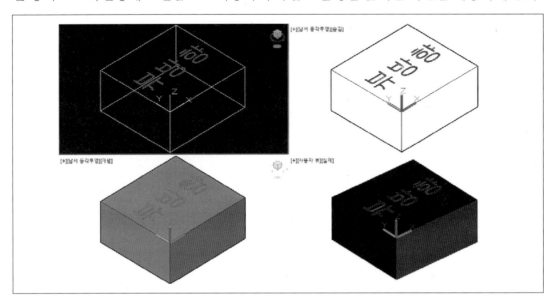

위와 같은 화면 뷰가 생성된다.

각 화면 마다 왼쪽상단에 "뷰"방향을 결정하는 탭과 "비주얼 스타일"을 결정하는 탭이 있다. 왼쪽 상단의 글자를 선택함으로 사용자가 원하는 방향과 음영처리를 선택할 수 있다.

(4) 모형 뷰포트

화면을 여러 개로 분할하는 방법을 제공한다.

단일 화면을 사용하여 모델링을 작업하는 것 보다는 화면을 여러 개로 나누고 각 화면마다 좌표계의 평면방향을 달리하여 작업의 효율성을 높이는 작업을 도와주게 된다.

2. 3D 솔리드 모델링 조건

솔리드 모델링을 만들기 위해서는 반드시 도형이 닫힌 폐곡선이며, 하나의 선으로 연결되어 있어야 하거나 또는 하나의 폐곡된 영역으로 정의되어 있어야 한다.

- 폐곡선 : 공간을 형성하는 도형의 양끝점이 서로 붙어 있어야 하며, 그 선들은 하나의 선분으로 연결되어 있어야 한다.
• 선분을 연결하는 가장 많이 사용하는 명령어 "Join[J]"이다.
- 영역[Region] : 선분의 양끝점이 서로 붙어 있어야 하지는 않지만 선들의 폐곡된 공간이 있어야 한다.
• 영역을 만드는 가장 많이 사용하는 명령어 "Boundary[BO]"이다.

솔리드 모델링을 함에 있어서 가장 많이 사용하는 명령어는 "Boundary"명령어이다.

대부분의 솔리드 명령어를 적용하기 위해 사용하는 명령이므로 대단히 중요한 명령어이다. 기억하자!

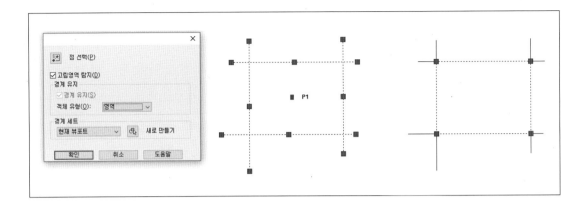

명령: BO BOUNDARY

- 대화상자 "객체유형 / 영역"을 선택
- 대화상자 "점 선택" 아이콘을 선택한다.
- "P1"을 선택한다.
내부 점 선택: 모든 것 선택... 가시적인 모든 것 선택 중... 선택된 데이터 분석 중...
내부 고립영역 분석 중...
내부 점 선택:
1 루프이(가) 추출됨.
1 영역이(가) 작성됨.
경계 1 영역을(를) 작성함

- 위 그림에서 우측 그림이 영역이 완성된 그림이다. 참고적으로 영역이 설정되면 기존의 선분이 그대로 유지 된다. 결국 새롭게 생성된 영역의 선과 기존 선분이 겹쳐진 상태가 된다. [영역이 설정되면 기존 선분이 겹쳐짐으로 인해 기존 선분은 삭제하는 것이 바람직하다.]
- 영역으로 설정된 부분은 하나의 면으로 만들어진다.
- Join으로 만들어진 부분은 선분으로 만들어진다.
  [Join의 조건은 선분의 양끝점이 연결되어 있어야 한다.]

3. 솔리드 모델링 명령어

(1) 돌출 : EXTRUDE [EXT]

명령: EXT EXTRUDE
현재 와이어프레임 밀도: ISOLINES=4, 닫힌 윤곽 작성 모드 = 솔리드 돌출할 객체 선택 또는 [모드(MO)]: 1개를 찾음 [사각형 선택] 돌출할 객체 선택 또는 [모드(MO)]: 1개를 찾음, [원 선택] 총 2개 돌출할 객체 선택 또는 [모드(MO)]: 돌출 높이 지정 또는 [방향(D)/경로(P)/테이퍼 각도(T)/표현식(E)] <100.0000>: 100

• 우측 그림과 같이 두께가 100mm인 사각기둥과 원기둥이 생성된다.

- 돌출 / 테이퍼 : EXTRUDE [EXT] / T[테이퍼]

명령: EXT EXTRUDE

현재 와이어프레임 밀도: ISOLINES=4, 닫힌 윤곽 작성 모드 = 솔리드
돌출할 객체 선택 또는 [모드(MO)]: 1개를 찾음
돌출할 객체 선택 또는 [모드(MO)]: 1개를 찾음, 총 2개
돌출할 객체 선택 또는 [모드(MO)]:
돌출 높이 지정 또는 [방향(D)/경로(P)/테이퍼 각도(T)/표현식(E)] <100.0000>: T
돌출에 대한 테이퍼 각도 지정 또는 [표현식(E)] <0>: 15
돌출 높이 지정 또는 [방향(D)/경로(P)/테이퍼 각도(T)/표현식(E)] <100.0000>: 100

• 테이퍼 값이 적용되면 "+"값일 경우 안쪽으로 사각뿔과 원뿔 형태로 돌출된다.
　테이퍼 값이 적용되면 "-"값일 경우 외각으로 벌려진 상태로 돌출된다.

(2) 부울 연산

① 합집한 : UNION [UNI]

솔리드 명령으로 생성된 하나 이상의 객체를 합치는 명령어이다.

명령: UNI UNION
객체 선택: 1개를 찾음 [사각박스 선택]
객체 선택: 1개를 찾음, 총 2개 [원통 선택]
객체 선택:

- 위 우측그림과 같이 선택된 2개의 객체가 하나의 객체로 하나로 합쳐진다.
- 서로 객체와 객체가 교차하지 않으며, 떨어져 있어도 합집합이 가능하다.

② 차집합 : SUBTRACT [SU]

솔리드 명령으로 생성된 하나이상의 객체에서, 우선 선택된 객체를 남기고 나중에 선택된 객체의 교차부분을 제거하는 명령어이다.

> **명령: SU SUBTRACT 제거 대상인 솔리드, 표면 및 영역을 선택 ..**
>
> 객체 선택: 1개를 찾음 [사각박스 선택]
> 객체 선택: ╱
> 제거할 솔리드, 표면 및 영역을 선택 ..
> 객체 선택: 1개를 찾음
> 객체 선택: ╱

- 사각박스에서 원통이 겹쳐지는 부분이 제외됨. (원통의 원본 객체는 제거된다.)

③ 교집합 : INTERSECT [IN]

솔리드로 생성된 하나이상의 객체의 교차되는 부분을 생성시킨다.

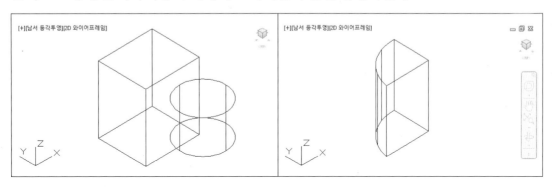

명령: IN INTERSECT
객체 선택: 1개를 찾음 [사각박스 선택]
객체 선택: 1개를 찾음, 총 2개 [원통 선택]
객체 선택:

- 선택된 솔리드 객체의 교차된 부분을 새로운 솔리드로 생성한다.
- 참고 : 교집합을 적용하면 원본객체의 형상이 사라지며, 교집합 된 솔리드만 생성된다.

(3)솔리드 편집

① 간섭 : INTERFERE [INF]

솔리드로 생성된 하나이상의 객체의 교차되는 부분에 새로운 솔리드를 생성시킨다.

[원본 객체를 그대로 유지하고 교차되는 부분에 새로운 솔리드를 생성시킨다.]

명령: INF INTERFERE

첫 번째 객체 집합 선택 또는 [내포된 선택(N)/설정(S)]: 1개를 찾음 [사각박스 선택]

첫 번째 객체 집합 선택 또는 [내포된 선택(N)/설정(S)]:

두 번째 객체 집합 선택 또는 [내포된 선택(N)/첫 번째 세트 검사(K)] <검사>:

1개를 찾음 [원통선택]

두 번째 객체 집합 선택 또는 [내포된 선택(N)/첫 번째 세트 검사(K)] <검사>:

모형 재생성 중.

• 대화상자에서 "종료 시 생성된 간섭 객체 삭제"가 체크 되어 있을 때에는 간섭되는 부분을 확인하
의 객체를 그대로 유지하며, 교차되는 부분에 새로운 솔리드를 생성한다.

② 모서리 모깎기 : FILLET [F]

모서리 모깎기 명령어는 2D의 명령어가 그대로 적용된다.

솔리드 객체의 모서리 부분을 둥글게 모깎기 하는 명령어이다.

명령: _FILLETEDGE

반지름 = 1.0000

모서리 선택 또는 [체인(C)/루프(L)/반지름(R)]: R [모깎기 반지름 선택]

모깎기 반지름 입력 또는 [표현식(E)] <1.0000>: 20 [반지름 값 입력]

모서리 선택 또는 [체인(C)/루프(L)/반지름(R)]: [모서리 선택]

모서리 선택 또는 [체인(C)/루프(L)/반지름(R)]: [모서리 선택]

모서리 선택 또는 [체인(C)/루프(L)/반지름(R)]: [모서리 선택]

모서리 선택 또는 [체인(C)/루프(L)/반지름(R)]: [모서리 선택]

4개의 모서리(들)이(가) 모깎기를 위해 선택됨.

모깎기를 수락하려면 Enter 누름 또는 [반지름(R)]:

- 선택된 솔리드 객체의 모서리는 "반지름=20"으로 모깎기 처리된다.
- 모깎기 적용에서 우선적으로 반지름 값을 입력하여 적용한다.

③ 모서리 모따기 : CHAMFER [CHA]

모서리 모따기 명령어는 2D명령어가 그대로 적용된다.

처음 선택된 모서리에 해당하는 솔리드 면에서만 모따기가 적용된다.

명령: _CHAMFEREDGE **거리**1 = 1.0000, **거리**2 = 1.0000
모서리 선택 또는 [루프(L)/거리(D)]: D [모따기 거리입력]
거리1 지정 또는 [표현식(E)] <1.0000>: 20 [모따기 첫 번째 값 입력]
거리2 지정 또는 [표현식(E)] <1.0000>: 20 [모따기 두 번째 값 입력]
모서리 선택 또는 [루프(L)/거리(D)]: [솔리드 모서리 선택]
동일한 면에 있는 다른 모서리 선택 또는 [루프(L)/거리(D)]: [솔리드 모서리 선택]
모따기를 수락하려면 Enter 누름 또는 [거리(D)]:

• 주의 : 솔리드 모깎기 명령은 솔리드 객체의 모든 방향의 모서리를 선택하도 작성이 가능하다. 그러나 솔리드 모따기 명령은 처음 선택한 모서리가 포함된 솔리드 면에서만 모따기가 가능함으로 주의하여 작업을 하여야 하며, 다른 면의 모서리 모따기를 원한다면 명령을 다시 실행하여 새로운 모서리에 모따기를 적용하여야 한다.

④ 면 테이퍼

선택한 솔리드 면을 지정한 방향으로 기울이기 한다.

명령: _solidedit

솔리드 편집 자동 점검: SOLIDCHECK=1

솔리드 편집 옵션 [면(F)/모서리(E)/본체(B)/명령 취소(U)/종료(X)] <종료>: _face

　　　면 편집 옵션 입력

[돌출(E)/이동(M)/회전(R)/간격띄우기(O)/테이퍼(T)/삭제(D)/복사(C)/색상(L)/재료(A)/명령　취소(U)/종료(X)] <종료>: _taper

면 선택 또는 [명령 취소(U)/제거(R)]: 1개의 면을 찾았습니다. [P1 선택]

면 선택 또는 [명령 취소(U)/제거(R)/전체(ALL)]:

기준점 지정: [P2 선택]

테이퍼 축을 따라 다른 점 지정: [P3선택]

테이퍼 각도를 지정: 30 [기울기 값 입력]

솔리드 확인이 시작됨.

솔리드 확인이 완료됨.

면 편집 옵션 입력

[돌출(E)/이동(M)/회전(R)/간격띄우기(O)/테이퍼(T)/삭제(D)/복사(C)/색상(L)/재료(A)/명령　취소(U)/종료(X)] <종료>:

⑤ 쉘

선택한 솔리드 객체의 안쪽 공간을 비우는 명령어이다.

명령: _solidedit

솔리드 편집 자동 점검: SOLIDCHECK=1

솔리드 편집 옵션 [면(F)/모서리(E)/본체(B)/명령 취소(U)/종료(X)] <종료>: _body

본체 편집 옵션 입력

[각인(I)/솔리드 분리(P)/쉘(S)/비우기(L)/점검(C)/명령 취소(U)/종료(X)] <종료>: _shell

3D 솔리드 선택: [P1 선택 : 솔리드 객체선택]

면 제거 또는 [명령 취소(U)/추가(A)/전체(ALL)]: 1개의 면을 찾음, [P2 선택-제거 면]

면 제거 또는 [명령 취소(U)/추가(A)/전체(ALL)]: 1개의 면을 찾음, [P3 선택-제거 면]

면 제거 또는 [명령 취소(U)/추가(A)/전체(ALL)]:

쉘 간격띄우기 거리 입력: 10 [두께 값 입력]

솔리드 확인이 완료됨.

• 쉘 선택에서 간격띄우기 값이 "+"일 경우는 솔리드 객체에서 안쪽으로 두께=10mm 생성되며, 면 제거로 선택된 면은 삭제된다. (원본 객체에서 안쪽으로 벽이 생성)

• 쉘 선택에서 간격띄우기 값이 "-"일 경우는 솔리드 객체에서 외각으로 두께=10mm 생성되며. 면 제거로 선택된 면은 삭제된다.(원본 객체에서 외각으로 벽이 생성되며 두께 만큼 외각 크기가 커진다.)

명령: _sweep

현재 와이어프레임 밀도: ISOLINES=4, 닫힌 윤곽 작성 모드 = 솔리드
스윕 할 객체 선택 또는 [모드(MO)]: _MO 닫힌 윤곽 작성 모드 [솔리드(SO)/표면(SU)] <솔리드>: _SO
스윕 할 객체 선택 또는 [모드(MO)]: 1개를 찾음 [P1 – 원 선택]
스윕 할 객체 선택 또는 [모드(MO)]: ✓
스윕 경로 선택 또는 [정렬(A)/기준점(B)/축척(S)/비틀기(T)]: [P2 경로선택]

- 선택된 객체는 경로를 따라서 솔리드 객체를 형성한다.
- 스윕 할 객체가 닫힌 폐곡선일 경우는 솔리드 객체로 생성된다. 그러나 객체가 열려진 일반 선이라면 서피스 형태로 스윕된다.

⑦ 회전 : Revolve [REV]

회전방향의 축을 기준으로 폐곡선을 회전하여 솔리드를 생성한다.

명령: REV REVOLVE

현재 와이어프레임 밀도: ISOLINES=4, 닫힌 윤곽 작성 모드 = 솔리드

회전할 객체 선택 또는 [모드(MO)]: 1개를 찾음 [P1 : 폐곡선 선택]

회전할 객체 선택 또는 [모드(MO)]:

축 시작점 지정 또는 다음에 의해 축 지정 [객체(O)/X/Y/Z] <객체(O)>: [P2 선택]

축 끝점 지정: [P3 선택]

회전각도 지정 또는 [시작 각도(ST)/반전(R)/표현식(EX)] <360>: 360 [회전각도 입력]

연습문제 풀이와 답안작성 방법은 네이버 블로그

id로 검색 "proguider"

https://blog.naver.com/proguider

1-1. CAD실무능력평가(CAT) 응시요강

자격명칭	캐드실무능력평가[CAT]-1급
응시자격	제한 없음
응시시간	90분 / 실기(작업형)
출제형태	3D PDF로 제공되는 3차원 형상
소프트웨어	오토캐드, 지스타캐드. ZWcad, Draftsight, 캐디안 등 제한 없음
응시형태 답안	2D dwg 답안파일, 3D dwg 답안파일

**2차원 캐드 소프트웨어를 이용하여, 도면의 투상능력, 규격 및 제도법에 따른 도면작성능력,
기초적인 역설계와 Top-Down 방식의 설계능력을 평가하는 실무형 평가시험.**

1-2. CAD실무능력평가(CAT) 1급 소개

① 다양한 캐드 응용 소프트웨어(오토캐드, 지스타캐드. DraftSight)등 자격시험 응시 프로그램 제한이 없음.

② 캐드 응용프로그램의 기능적 측면과 기초제도에 대한 전반적인 지식을 요구하고 있는 자격시험.

③ 도면을 모방하는 시험이 아닌, PDF뷰 에서 3D 형상을 보고 2D 캐드 응용프로그램을 활용한 기초제도 및 설계를 이해하고, 3D형상에 대한 이해와 투상 능력을 갖출 수 있는 자격시험.

④ 3차원 형상을 이해하여 CAD 3D 모델링 작성을 통한 형상모델링 능력을 갖출 수 있다.

CAD소프트웨어의 다양화	기초제도법 이해	스스로 판단하는 평가
○ 오토캐드,지스타캐드, ZWcad, Draftsight,캐디안 등 제한없음.	○ 용지의 종류, 선의 종류등과 같은 도면설정 이해.	○ 치수가 적용된 3D형상을 토대로 도면작성.
○ 특화되지 않은 산업용 소프트웨어를 사용.	○ 투상도법, 치수기입, 문자 기입 등 도면작성의 이해.	○ 투상도법에 의거 응시자가 직접 필요한 도면 뷰 생성 및 간략화.
○ 산업현장, 교육/훈련기관 응시자의 다양한 요구에 맞춤.	○ 모든 분야에 중요한 기초 제도법을 명확하게 이해.	

1-3. CAD실무능력평가(CAT) 1급 검증 내용

① 캐드 응용프로그램의 기능적인 측면에서 요구하는 다양한 설계 및 제도에 대한 기술적인 지식과 기초제도 능력 평가.

② 3D형상을 활용하여 응시자가 형상을 이해하고 정확하게 설계 및 모델링 할 수 있는 능력 평가.

분류	캐드실무능력평가-[CAT]	참고
문제출제	3D-PDF : 형상의 전 방향을 볼 수 있는 3D 형상 도면	3D PDF
문제이해	초보자도 3D 형상을 보고 쉽게 이해	3D PDF
3D모델링 능력	3D-PDF 형상을 참고로 CAD 2D/3D 기능을 활용한 형상 모델링 능력	
도면작성	KS규격에 의한 제도 법으로 문제 형태에 따라 달라지며, 응시자마다 도면작성이 달라질 수 있음[모범답안]	KS제도 규격
답안제출	수험번호.DWG 답안파일	

1-4. CAD실무능력평가(CAT) 1급 채점 기준

① 3차원 형상의 이해 및 독해능력을 보고, 캐드 응용프로그램을 이용하여 3차원 모형을 작성   할 수 있는 능력 평가.

② 3차원 모형을 2D도면으로 변환하여 작업할 수 있는 능력 평가

③ 모형파일의 완성도와 2D도면 정확도로 일정 점수 이상의 오류 시 불합격처리.

1-5. CAD실무능력평가(CAT) 1급 문제 형태

CAD실무능력평가 1급 문제형태는 총 2문항으로, PDF파일에 총 4페이지로 이루어져 있으며, 1페이지 약식 응시조건, 2페이지 도면양식 및 각종 작업 조건사항 3페이지부터 4페이지까지 각 문항별 3D로 이루어진 출제 문제로 이루어져 있음.

1페이지 응시조건   2페이지 도면양식 및 각종 작업 조건

연습문제 - 10번 1번 문항

연습문제-10번 2번 문항

https://blog.naver.com/proguider

공지 : 캐드실무능력 1급(CAT 1급) "연습문제" 파일

캐드실무능력평가 1급 연습문제-1.pdf이다.

"어도비 pdf 뷰어"가 설치되어 있어야 한다.

CAT 1급 연습문제 – 1번 풀이

CAT 1급 시험은 3D PDF 화면으로 2개의 문항이 주어지게 된다.

1번 문항을 모델링과 도면을 생성한다. 2번 문항은 모델링만 하여 제출한다.

1. 문제의 형상과 치수를 확인한다.

- 템플릿 도면을 오픈한다.

작업환경 "뷰"를 정면도로 설정한다.

2. 중심선과 중심선을 작성한다.

임의의 중심선을 작성 후 전체의 폭=120mm, 높이=11mm를 작성한다.

아래쪽 120mm 선분을 기준으로 하여 95mm, 137mm, 152mm를 간격띄우기를 적용한다.

152mm의 선분은 객체 위쪽에 위치한 원의 반지름=15mm의 외곽선이다.

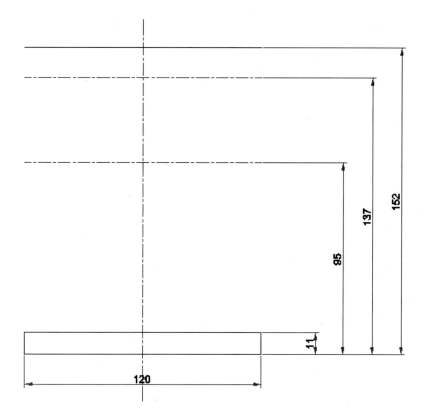

3. 외형선을 작성한다.

중심 부분의 립(보강대)의 선분을 작성하지 않는다. 립(보강대)은 모든 모델링을 작성 후 마지막으로 작업할 것이다.

4. 작성된 외형선을 기준으로 하여 "Boundary [BO] / 영역"을 설정한다.

대화상자의 "객체유형 / 영역"을 설정한다.

대화상자 "점 선택"아이콘을 선택하여 P1, P2, P3, P4의 위치 점을 선택한다.

선택된 부분은 새로운 영역이 설정된다.

5. 돌출을 위한 "남동 등각투영" 로 방향 전환

뷰 방향을 변경하는 것은 돌출 값이 화면상에서 바로 확인이 가능하다.

1번 문제의 우측 방향의 모델링 치수를 확인한다.

6. 돌출 : Extrude [EXT] 적용

돌출명령을 이용하여 바닥=45m, 몸체=10mm, 원통=46mm, 상단박스=30mm 돌출한다.

[+][남동 등각투영][회색 음영처리]

[+][우측면도][회색 음영처리]

7. 립(보강대) 작성하기

아래 왼쪽그림(우측면도)과 같이 "Pline [PL]"명령을 이용하여 선분을 작성한다.

[PL]선 작성에서 선분이 원형 객체를 침범하는 것은 원통의 경우는 반드시 좀 더 큰 치수로 포함시켜서 작성한다.

**[PL]은 처음 선택된 점의 평면을 기준으로 하여 모든 선분이 작성된다.

 [PL]선 작성에서 P1점은 "중간점"을 선택하여 위치 점을 선택한다.

작성된 선분을 "Region [REG]" 명령을 이용하여 영역을 설정한 후 돌출 값 10mm를 적용한다.

8. 돌출객체 이동하기 : MOVE [M]

한 방향으로 돌출된 객체를 "Move"명령어를 이용하여 솔리드 객체를 정리한다.

객체를 이동하기 위해서 "우측면"을 기준면으로 하여 이동한다.

3D 모델링 작업에서 "Move"명령을 사용할 때에는 반드시 "F8"직교모드를 사용한다.

원통=45,70mm는 오른쪽 방향 6mm 이동한다. 상단박스는 왼쪽방향으로 3mm 이동한다.

립(보강대)은 등각투영 뷰 에서 안쪽을 5mm이동시킨다.

9. 솔리드 모깎기 적용 "Fillet [F]"

상단박스의 모서리 반지름=15mm, 하단박스 모서리 반지름=5mm를 적용한다.

10. "합집합" Union [UN]

작성된 솔리드 객체를 하나의 객체로 합집합한다.

원형중간에 작성된 지름=45mm원은 합집합에서 제외된다.

상단박스의 원통지름 15mm와 하단박스의 원지름=15mm를 작성하여 돌출한다.(합집합에서는 제외된다.)

11. "차집합" Subtract [SU]

"합집합"된 객체에서 원통들을 "차집합" 한다.

상단 지름=15mm, 원통중앙 지름=45mm, 하단박스 지름=15mm를 "차집합" 한다.

"차집합"= 남길 객체를 우선적으로 선택한 후 제외할 객체를 선택한다.

아래 그림의 오른쪽과 같이 적용된다.

12, 템플릿 도면 위치 정렬.

템플릿 도면의 중앙에서 수직으로 "P1"선분을 작성한다.

작성된 솔리드 객체의 하단부 "중간점"에서 작성된 선분의 "P2"의 끝점으로 이동한다.

[-][남동 등각투영][2D 와이어프레임]

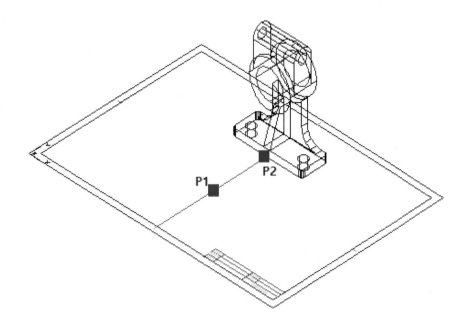

13. 화면분할

왼쪽상단 화면 : 평면도 설정 / 왼쪽하단 화면 : 정면도 설정

오른쪽 상단 화면 : 남동 등각투영 설정 / 오른쪽 하단 화면 : 우측면도 설정

14. 도면 내리기 "Flatshot [FL] 적용

– 새 블록으로 삽입
  작성된 2D도면이 블록으로 생성된다.

– 전경 선 (외형선)
  2D도면의 외형선을 작성한다.
  색상 : 초록색
  선종류 : Continuous

– 가려진 선
  "표시" 체크 오프 인 경우 숨은선은 나타나지
  않는다.
  2D도면의 숨은선을 작성한다.
  색상 : 노란색
  선종류 : Hidden

– 접선 모서리 포함
  "체크" 상태일 경우 접선 선분이 나타난다.

"평면도" 작성하기

평면도 뷰를 선택하여 명령어를 적용한다.

명령: FLATSHOT [FL]

단위: 밀리미터   변환: 1.0000
삽입점 지정 또는 [기준점(B)/축척(S)/X/Y/Z/회전(R)]: 임의 위치 점 선택
X축척 비율 입력, 반대구석 지정, 또는 [구석(C)/XYZ(XYZ)] <1>: 1 (가로방향 축척)
Y 축척 비율 입력 <X 축척 비율 사용>: 1 (세로방향 축척)
회전각도 지정 <0>: 0 (수평 유지)

• 평면도 뷰를 선택하여 적용한다. 우측 그림처럼 평면도가 생성된다.

"정면도"작성하기

- 정면도 뷰를 선택하여 명령어를 적용한다.

명령: FLATSHOT [FL]

단위: 밀리미터   변환: 1.0000
삽입점 지정 또는 [기준점(B)/축척(S)/X/Y/Z/회전(R)]: 임의 위치 점 선택
X축척 비율 입력, 반대구석 지정, 또는 [구석(C)/XYZ(XYZ)] <1>: 1 (가로방향 축척)
Y 축척 비율 입력 <X 축척 비율 사용>: 1 (세로방향 축척)
회전각도 지정 <0>: 0 (수평 유지)

• 정면도 뷰를 선택하여 적용한다. 우측 그림처럼 정면도가 생성된다.

"우측면도"작성하기

- 우측면도 뷰를 선택하여 명령어를 적용한다.

명령: FLATSHOT [FL]

삽입점 지정 또는 [기준점(B)/축척(S)/X/Y/Z/회전(R)]: 임의 위치 점 선택

X축척 비율 입력, 반대구석 지정, 또는 [구석(C)/XYZ(XYZ)] <1>: 1 (가로방향 축척)

Y 축척 비율 입력 <X 축척 비율 사용>: 1 (세로방향 축척)

회전각도 지정 <0>: 0 (수평 유지)

• 우측면도 뷰를 선택하여 적용한다. 우측 그림처럼 우측면도가 생성된다.

15. 도면 합치기

- 정면도면, 우측도면을 평면도면으로 이동 시킨다.

"정면도 뷰"에서 잘라내기 "Ctrl+X"를 이용하여 내려진 도면을 선택한 후 "평면도 뷰"로 이동하여 붙여넣기 "Ctrl+V"를 이용하여 붙여넣기를 한다.

같은 방법으로 우측면도 또한 "평면도 뷰"로 이동 시킨다.

우측 도면과 같이 적용된다.

16. 도면 정렬하기.

"Move"명령을 이용하여 "평면도 뷰"에서 위치 정렬시킨다.

도면의 작성 방식은 수평과 수직이 일치 되어야 한다.

삼각 투상법에 맞게 정렬시켜야 한다.

17. 도면층 변경하기 : "Layer [LA]" / 분해 : " Explode [X] "

"평면도 뷰"로 합쳐진 각 도면은 하나의 블록으로 되어 있다.

합쳐진 각 도면을 분해(Explode)명령을 적용하여 개별의 선분으로 생성한다.

분해된 도면의 도면층은 "0"번 도면층에 포함되어 있다.

분해된 도면의 초록색의 선분은 "외형선 도면층"으로 변경한다.

분해된 도면의 노란색 선분은 "숨은선 도면층"으로 변경한다.

18. 중심선 작성하기

도면층을 "중심선"으로 변경 후 중심선을 작성한다.

19. 치수 입력하기

도면층을 "치수선"으로 변경하여 치수를 입력한다.

치수 보조선이 외형선 또는 숨은선과 겹치는 경우 감점된다. 겹치는 부분은 치수 보조선을 숨기도록 한다.

입력된 치수를 이중으로 입력하게 되면 감점된다.

CAT 1급 연습문제 - 10번 풀이

1문항

2번문항

1.

평면도의 외곽 형상을 기준으로 작도를 시작한다.

기준선을 작도하기 위해 3D PDF 도면을 회전하여 치수를 확인 후 130mm 수평으로 작도한다.

[명령어 : line 단축키 :L]

2.

순서 01에서 수평 기준선을 그렸다면, 수직 기준선을 그리기 위해 130mm 수평선의 우측 끝점을 기준으로 40mm 선을 그려준다.

3.

순서 01 작업에서 작도한 130mm 수평기준선을 10mm, 40mm 만큼 위로 간격띄우기를
한다.

[명령어 offset 단축키 : O]

4.

순서 02 작업에서 작도한 40mm 수직 기준선을 왼쪽으로 90mm만큼 간격띄우기를 한다.

5.

순서 01과 03에서 작도한 수평선의 왼쪽 끝점과 끝점을 연결하여 준다.

6.

가로선과 세로선이 교차하는 위쪽 ①번과 ②번 모서리를 모두 C5 값으로 모따기를 한다.

[명령어 : chamfer 단축키 : CHA]

7.

자르기 명령어를 사용하여 선을 정리하여 준다.

[명령어 : trim 단축키 : TR]

8.

남은 선들을 하나로 묶어준다.

[명령어 : Boundary : 단축키 : BO]

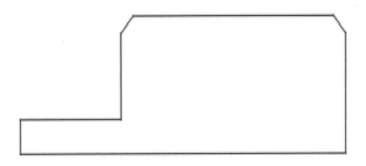

9.

순서 08 작업에서 하나로 묶어준 객체를 60mm 만큼 돌출시켜준다.

[명령어 : Extrude 단축키 : EXT]

10.

정면도로 이동하여 선을 사용하여 ①번과 ②번을 클릭하여 가로선 ①번과 ③번을 클릭하여 세로선을 만들어준다.

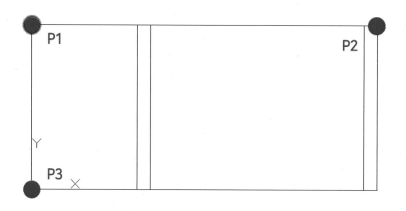

11.

순서 10 작업에서 작도한 세로선을 15mm 우측으로 간격띄우기 2번, 가로선을 15mm 아래쪽으로 간격띄우기를 해 준다.

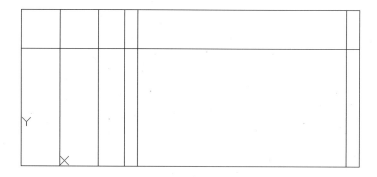

12.

순서 11 작업에서 간격띄우기 한 선의 교차점을 중심으로 지름 10, 지름 16 원을 각각 그려준다.

[명령어 : circle 단축키 : C]

13.

순서 12 작업에서 만든 원의 사분점끼리 선을 이어준 후 선을 정리하여 준다.

[명령어 : line 단축키 : L]

[명령어 : trim 단축키 : TR]

14.

지름 10, 지름 16 슬롯 구멍을 각각 묶어준다.

[명령어 : region 단축키 : REG]

15.

순서 14 작업에서 묶어준 지름 16 객체를 -5mm 돌출, 지름 10 객체를 -10mm만큼 돌출시켜준다.

[명령어 : extrude 단축키 : EXT]

16.

순서 15 작업에서 돌출시켜준 객체를 복사하여 아래쪽으로 30mm 복사시켜준다.

[명령어 : copy 단축키 : CO, CP]

17.

순서 9에서 돌출 시켜준 객체에서 순서 17, 18에서 작업한 객체를 차집합 하여준다.

[명령어 : subtract 단축키 : SU]

18.

선 명령어를 사용하여 ①번과 ②번을 클릭하여 세로선을 만들어 준다.

19.

순서 10 작업에서 만든 가로선을 50mm 만큼 아래쪽으로 간격띄우기,

순서 18 작업에서 만든 세로선을 10mm, 65mm 만큼 오른쪽으로 간격띄우기 하여준다.

20.

순서 19 작업에서 만든 교차점 중 밑 부분에 R10 모깎기 하여준다.

상단 교차점은 자르기 명령어를 통해 정리하여준다.

[명령어 : fillet 단축키 : F]

[명령어 : trim 단축키 : TR]

21.

순서 20에서 만들어진 형태를 하나로 묶어준다.

[명령어 : region 단축키 : REG]

22.

순서 21 작업에서 묶어준 객체를 −25mm 만큼 돌출시킨 후 순서 19 작업에서 만들어진 객체와 차집합 하여준다.

[명령어 : subtract 단축키 : SU]

[명령어 : extrude 단축키 : EXT]

23.

선을 이용하여 ①번과 ②번을 클릭하여 가로선을 ①번과 ③번을 클릭하여 세로선을 만들어 준다. 간격띄우기를 이용하여 ①번과 ③번을 연결한 세로선을 가로로 8, 15, 32mm로 ①번과 ②번을 연결한 세로선을 아래로 27, 8mm 띄워준다.

자르기, 모따기, 모깎기 명령어를 사용하여 형태를 만들어준다.

[명령어 : line 단축키 : L]

[명령어 : offset 단축키 : O]

[명령어 : fillet 단축키 : F]

[명령어 : chamfer 단축키 : CHA]

[명령어 : trim 단축키 : TR]

24.

순서 23 작업에 이어서 지름 7원의 중심을 먼저 만들어 준 후 교차하는 부분을 중심으로 2개의 원을 만들어준다.

[명령어 : offset 단축키 : O]

[명령어 : circle 단축키 : c]

25.

순서 23에서 작업한 객체를 하나로 묶은 후 지름 7 원과 같이 -40mm값으로 돌출하고
순서 24에서 만들어진 형상과 순서 26에서 돌출시켜준 형상을 서로 차집합 하여준다.

[명령어 : region 단축키 : REG]

[명령어 : subtract 단축키 : SU]

[명령어 : extrude 단축키 : EXT]

26.

플랫샷 기능을 이용하여 정면도, 평면도, 우측면도에 해당하는 뷰를 찍어준다.

[명령어 : flashot 단축키 : FLA]

27.

순서 26 작업에서 뽑아낸 뷰를 평면도로 잘라내기 - > 붙여 넣기 하여 배치시켜준다.

28.

순서 27 작업에서 평면도로 배치 후 각 뷰의 위치를 다시 잡아준다.

29.

배치가 완료된 뷰를 선택하여 분해시켜준다.

[명령어 : explode 단축키 : X]

30.

외형선, 숨은선 레이어를 동결표시로 바꿔준다.

31.

도면에서 외형선에 해당하는 객체를 클릭하여 외형선 레이어로 숨은선에 해당하는 객체를 클릭하여 숨은선 레이어로 바꿔준다.

32.

각 뷰에 중신선 레이어를 사용하여 중심선 작업 및 치수기입
[명령어 : line 단축키 : L]
[명령어 : lengthen 단축키 : LEN]

33.

문제 1번은 2D 도면 및 3D 형상 모델링 작업
문제 2번은 3D형상 모델링 작업
각각의 문제를 작성 후 수험번호 폴더에 저장한다. 저장된 파일 명은 각각 수험번호 - 문제 1(답안1), 수험번호 - 문제2(답안2) 의 형식으로 저장한다.

34.

저장 된 파일을 확인 후 이상이 없을 경우 CAD프로그램을 종료 후 수험번호 폴더를 확장자 ZIP 파일로 압축 저장 후 압축폴더를 인터넷으로 업로드한다.

https://blog.naver.com/proguider / CAT 1급(캐드실무자격 1급)

※ 풀이과정 동영상이 블로그에 작성되어 있습니다. 참고하십시오.

연습문제 1번

연습문제 5번

연습문제 5번

CHAPTER 03 | CAD 실무능력 연습문제 2016년

https://blog.naver.com/proguider

[160305] 연습문제 찾아보기

[160319] 연습문제 찾아보기

참고 기준 경면도 VIEW-02

[160402] 연습문제 찾아보기

[160416] 연습문제 찾아보기

기준 참조 정면도 VIEW-02

Limits 594 x 420 (A2)

[160507] 연습문제 찾아보기

[160604] 연습문제 찾아보기

기준 참조 정면도 VIEW-02

[160618] 연습문제 찾아보기

기준 참조 정면도 VIEW-02

[160702] 연습문제 찾아보기

기준 참조 정면도 VIEW-02

[160716] 연습문제 찾아보기

기준 참조 정면도 VIEW-02

[160806] 연습문제 찾아보기

기준 참조 정면도 VIEW-02

[160820] 연습문제 찾아보기

기준 참조 정면도 VIEW-02

[160903] 연습문제 찾아보기

기준 참조 정면도 VIEW-02

[160924] 연습문제 찾아보기

기준 참조 정면도 VIEW-02

[161008] 연습문제 찾아보기

[161022] 연습문제 찾아보기

기준 참조 정면도 VIEW-02

[161105] 연습문제 찾아보기

[161119] 연습문제 찾아보기

기준 참조 정면도 VIEW-02

단면도A-A

단면 - A

단면 - A

4-C4

4-⌀8

작성자	한 기 원	작성일	16.11.19	단면적		
수험번호	1644-0715	축척	1:1	특상별		32상별
고사장	한국산업기술능력개발원			캐드실무능력자격 2급		

[161203] 연습문제 찾아보기

기준 참조 정면도 VIEW-02

단면도 A - A

단면 - A

단면 - A

작성자	한 기 원	작성일	161203	단면적	
수험번호	1644-0715	척도	1:1	투상법	3각법
교시장	한국산업기술평가원			제국국적자격도제 2급	

[161217] 연습문제 찾아보기

기준 참조 정면도 VIEW-02

작성자	161217	단면적	
	작성일	투상법	3각법
현 가 명		척도	1:1
1644-0715			캐드실무자격능력 2급
수험번호		한국산업기술능력개발원	
교시장			

https://blog.naver.com/proguider

[170121] 연습문제 찾아보기

[170218] 연습문제 찾아보기

[170304] 연습문제 찾아보기

기준 참조 정면도 VIEW-02

기준 참조 정면도 VIEW-02

[170401] 연습문제 찾아보기

기준 참조 정면도 VIEW-02

[170520] 연습문제 찾아보기

[170617] 연습문제 찾아보기

[170701] 연습문제 찾아보기

기준 참조 정면도 VIEW-02

https://blog.naver.com/proguider

[170715] 연습문제 찾아보기

기준 참조 정면도 VIEW-02

[170805] 연습문제 찾아보기

기준 참조 정면도 VIEW-02

[170819] 연습문제 찾아보기

기준 참조 정면도 VIEW-02

[170902] 연습문제 찾아보기

석형태

약력

전) 고용노동부 구미고용노동청 내일배움카드제 공개강좌 CAD분야 외래강사
전) 구미캐드그래픽학원 원장
현) 한국산업디자인 원장
현) 대구서원프로파일 [개발참여] 알루미늄 프로파일 조립 브래킷 개발 이사
현) 주식회사 한국산업기술능력개발원 대표이사

- 인벤터 기술자격시험 개발 및 채점
- 자격시험 개발 및 평가 교육콘텐츠개발 및 공급
- 3D프린터운용기술자격2급, 1급 민간자격등록(개발 및 구축) (전국 최초 3D프린터관련 민간자격 시험 등록)
- 3D시뮬레이션실무능력자격 1급, 2급 민간자격등록(개발 및 구축)
- CAD실무능력자격 1급, 2급 민간자격등록(개발 및 구축)
- 캐드자격시험의 실시구조방법 − 특허 등록
- 2012년 고용노동부장관 표창장

저서
- Autocad Master 2000(시스인포)−오토캐드
- Autocad, Max, Inventor 기술자격지침서−Inventor 파트
- Autocad, Max, Inventor 기술자격지침서−Inventor 파트
- 캐드실무능력자격 지침서−캐드
- 3D프린터 운용자격 및 3D시뮬레이션 자격 지침서−Solid Works/큐라/캐드
- 2D&3D 모델링 활용서−SolidWorks/3D프린터

닥치고 이것만 해!

CAD 실무능력 단기완성

초　　판 | 2018년 10월 19일
발　　행 | 2022년 03월 25일 개정2쇄

저　　자 | 석형태 · 서관덕
발 행 인 | 최영민
발 행 처 | 🌀 피앤피북
주　　소 | 경기도 파주시 신촌로 16
전　　화 | 031-8071-0088
팩　　스 | 031-942-8688
전자우편 | pnpbook@naver.com
출판등록 | 2015년 3월 27일
등록번호 | 제406-2015-31호

저자협의
인지생략

정가 : 22,000원

ISBN 979-11-87244-48-6　　93550